POURQUOI NOTRE CERVEAU A INVENTÉ LE BIEN ET LE MAL

STÉPHANE DEBOVE

POURQUOI NOTRE CERVEAU A INVENTÉ LE BIEN ET LE MAL

humenSciences

Prolongez l'expérience avec la newsletter de Cogito
sur www.humensciences.com

Les citations extraites de références anglophones ont été traduites par l'auteur.

ISBN : 978-2-3793-1202-1

Dépôt légal : mars 2021

170 bis, boulevard du Montparnasse, 75014 Paris
Tél. : 01 55 42 84 00
www.humensciences.com

SOMMAIRE

À Darwin.
À YouTube.
À mes abonnés, présents, passés et futurs
(enfin surtout présents et futurs).

AVANT-PROPOS

En 2019, quatre ans après avoir terminé ma thèse, je décidais de transférer tout ce que j'y avais appris dans une série de vidéos publiées sur YouTube. Le livre que vous tenez entre les mains constitue l'adaptation écrite de cette série. Pour l'occasion, le contenu a été mis à jour et largement enrichi, de sorte que ceux qui ont déjà vu les vidéos ne devraient pas s'ennuyer.

J'ai deux objectifs principaux en écrivant ce livre. Le premier est de créer l'ouvrage sur lequel j'aurais aimé tomber en démarrant ma thèse : un livre qui présenterait le champ de recherche sur la morale *de l'intérieur*, avec ses désaccords, ses incertitudes et ses controverses ; un livre au panorama assez large mais qui saurait rester concis, sans faire l'impasse sur l'histoire des idées ; enfin, un livre égayé de citations de grands penseurs et abondamment référencé pour ceux qui voudraient continuer leur chemin seuls.

Mon deuxième but est de montrer que l'interdisciplinarité dont se réclament de nombreux chercheurs n'est pas qu'un mot à la mode servant à obtenir des financements de recherche, et qu'elle permet réellement de faire des progrès en science. « Morale et biologie ? Aucun rapport ! » ont longtemps martelé certains penseurs. « Dangereux, même » (nous y reviendrons). J'essaierai contre leur avis de vous montrer comment ceux qui ont franchi le pas depuis plus de trente ans maintenant ne le regrettent pas. Nous ne parlerons pas que de biologie d'ailleurs. Psychologues, anthropologues, primatologues, philosophes, économistes, neuroscientifiques et sociologues, tous sont assis à la table de la morale, tentant d'apporter leur pierre à l'étude de ce passionnant sujet.

Vous le verrez, ce livre est parcouru de nombreuses citations. Elles sont évidemment là pour faire semblant d'être érudit, mais également pour rappeler que cet ouvrage ne constitue pas ma production mais celle de centaines d'humains. « Sur les épaules de géants », comme le dit la formule consacrée. Je ne gagnerai pas de prix de l'originalité en la réutilisant, mais il n'y en a pas de plus adaptée pour décrire ma position au moment de coucher les premiers mots de ce livre. Les idées que vous allez découvrir sont le résultat de travaux de chercheurs ayant parfois consacré leur vie à l'étude de la morale. Si c'est mon nom qui figure en couverture, leur contribution intellectuelle est largement supérieure à la mienne, ne l'oubliez à aucun moment.

Parmi ces géants, deux m'ont particulièrement aidé : Nicolas Baumard et Jean-Baptiste André, officiellement « directeurs de thèse », mais officieusement bien plus. C'est à eux que revient le mérite d'avoir synthétisé les travaux des chercheurs précédents et de les avoir unifiés dans une « théorie de la morale ». Leurs noms ne figurent pas non plus en couverture, mais vous êtes autorisé à prendre un feutre indélébile pour les y ajouter.

Enfin, il me faut préciser que le présent ouvrage est écrit au sortir d'une décennie chaotique pour la science. Une « crise de réplicabilité » affecte certains domaines, de nombreux chercheurs n'arrivant pas à obtenir les mêmes résultats que leurs confrères, à les « répliquer ». Aussi, bien que j'aie sélectionné les travaux qui me semblent les plus robustes, il se peut que certains passages doivent être réécrits dans les prochaines années, pour des raisons autres que la progression classique des connaissances scientifiques. J'en suis le premier attristé.

INTRODUCTION : QUI NOUS MANIPULE ?

« Nous sommes tous des marionnettes, et notre meilleur espoir de se libérer ne serait-ce que partiellement est d'essayer de comprendre le fonctionnement de ces marionnettes. »

ROBERT WRIGHT, *L'animal moral*, 1994

Vous êtes dans le train pour Nice, hésitant à déterminer ce qui, des pleurs du bébé derrière vous ou des annonces grésillantes de l'équipe restauration, est le plus irritant. Tout à coup, votre voisine se lève :

« Excusez-moi, est-ce que ça vous dérange de garder mon sac pendant que je vais aux toilettes ?

– Pas du tout madame, faites ! » lui répondez-vous, la bouche en cœur.

Mais une fois la dame partie, vous commencez à douter. À douter de vous. Êtes-vous bien digne de sa confiance ? Pourquoi vous a-t-elle choisi vous ? Sait-elle qu'un jour, à La Poste, vous avez ramassé une pièce de 20 centimes par terre sans demander autour de vous si elle appartenait à quelqu'un ? Alors comment cette femme peut-elle savoir que vous n'allez pas partir avec son sac et descendre au prochain arrêt ? Pourquoi fait-elle confiance à quelqu'un qu'elle n'a jamais croisé ? Et surtout, pourquoi vous, de votre côté, vous sentez-vous obligé non seulement de ne pas partir avec son sac, mais aussi de le défendre férocement contre les maraudeurs des voies ferrées, peut-être plus férocement encore que si c'était le vôtre ?

La seule réponse qui vous vient à l'esprit est : ce serait « immoral » de ne pas le faire. Soit.

Mais quand on y réfléchit, cette réponse n'est pas très satisfaisante. Ne voudrait-on pas plutôt savoir *pourquoi* ce serait immoral de ne pas le faire ? Pourquoi ressentez-vous une gêne, un inconfort ou une douleur psychologique rien qu'en imaginant vous enfuir avec ce sac ? Pourquoi vos pensées sont-elles contraintes par ce *truc* dans la tête qu'on appelle « morale » ?

Encore plus surprenant, ce truc dans votre tête vous pousse à faire des choses qui vont à l'encontre de votre intérêt personnel. Vu la marque du sac de votre voisine, il est probable qu'il contienne de quoi payer la moitié de votre prochain loyer, un coup de pouce qui ne serait pas de refus. Voler ce sac vous aiderait beaucoup. Et pourtant, vous ne le ferez pas, parce que… « c'est immoral ».

La plupart des comportements moraux que vous pourrez imaginer sont ainsi : ils s'opposent à votre égoïsme et vont à l'encontre de votre intérêt personnel. Quand vous rapportez un portefeuille trouvé dans la rue à son propriétaire (sans lui piquer d'argent au passage bien sûr, je vous connais), vous agissez contre votre propre intérêt. Quand un criminel se rend à la police parce qu'il culpabilise, il agit contre son intérêt. Quand vous décidez de sauver un enfant qui se noie, vous ne le faites pas parce que cela vous évitera la prison, ou que vous pensez obtenir une récompense de la part de ses parents. Vous le sauvez parce que c'est la seule chose à faire, la seule chose morale à faire. Cette insistance à faire passer le bien-être des autres avant le sien a laissé plus d'un philosophe perplexe au cours des siècles.

Un deuxième aspect de la morale a aussi été très remarqué : l'impression d'universalité et d'objectivité qui s'en dégage. Vous connaissez peut-être le dicton « des goûts et des couleurs, on ne discute pas ». Ce proverbe sous-entend que chacun est libre de ses goûts et qu'il n'y a pas vraiment de sens à dire que Valentine a plus raison que Thibaut quand elle lui maintient que si, la pizza quatre fromages, c'est bon. En ce qui concerne la morale, les choses semblent être différentes. Si quelqu'un venait vous dire que laisser se noyer un enfant que vous pouvez facilement sauver, c'est bien, j'imagine que vous seriez prêt à lui dire qu'il a *tort*, qu'il se trompe, et que quoi qu'il en dise, quelle que soit son argumentation, il ne vous fera pas changer d'avis. Décider si laisser se noyer quelqu'un est bien, ce n'est pas à l'appréciation de chacun. En d'autres termes, on a parfois l'impression que la morale vient de l'extérieur, qu'elle s'impose à nous plus qu'elle n'est produite par nous[1].

Le dramaturge grec Sophocle l'exprimait ainsi, faisant la distinction entre les lois « objectives », qui ne peuvent pas être remises en cause (qu'il appelle « lois des dieux »), et les édits de la cité, changeants au gré des gouvernements :

« Et je n'ai pas cru que tes édits pussent l'emporter sur les lois non écrites et immuables des dieux, puisque tu n'es qu'un mortel. Ce n'est point d'aujourd'hui, ni d'hier, qu'elles sont immuables ; mais elles sont éternellement puissantes, et nul ne sait depuis combien de temps elles sont nées[2]. »

Pourtant, malgré cette impression d'objectivité et d'externalité, nous ne pouvons douter que nos jugements moraux soient produits par notre cerveau. À moins que vous ne pensiez que corps et esprit soient deux entités distinctes et de nature différente, une position philosophico-scientifique peu commune aujourd'hui, vous ne pouvez échapper à la conclusion que toutes nos pensées, toute notre activité mentale est produite par notre cerveau. La morale ne peut pas y faire exception.

Sur la base de réflexions similaires, le philosophe Kant raconte qu'il existe deux choses qui l'émerveillent dans la vie[3]. La première, c'est le sentiment d'être tout petit dans l'Univers, un sentiment que vous avez sûrement vous-même ressenti quand vous vous êtes allongé sur le sable pour contempler les étoiles pendant vos vacances à la Grande-Motte l'an dernier. La deuxième, c'est la morale, ce sentiment d'avoir été privilégié de recevoir une loi morale, loi qui nous permet de nous extraire un petit peu de notre condition animale, de nous extraire des basses préoccupations égoïstes. « Le ciel étoilé au-dessus de nous, la loi morale à l'intérieur de nous », voilà deux sujets qui nous dépassent et qui ne peuvent manquer d'émerveiller quand on y réfléchit.

En résumé, deux caractéristiques de la morale ont laissé les humains perplexes durant des siècles et continuent à le faire aujourd'hui. La première, c'est son caractère altruiste, le fait que la morale nous pousse souvent à agir contre nos propres intérêts. La seconde, c'est son objectivité, le fait qu'elle ne semble pas dépendre de nous et venir de l'extérieur.

Je ne sais pas vous, mais moi, ces deux caractéristiques me font franchement penser que quelqu'un est derrière tout ça, que quelqu'un nous manipule et que la morale n'est que la grossière ficelle utilisée pour pousser le pantin naïf à agir contre ses intérêts. Mais qui peut bien nous manipuler ?

Si vous étiez d'un autre siècle, la réponse aurait été évidente : Dieu est derrière tout ça. « Redisons tous les jours à tous les Hommes : la morale est une, elle vient de Dieu ; les dogmes sont différents, ils viennent de nous », écrivait Voltaire[4]. Mais si cette explication ne convainc pas votre cerveau d'humain du XXIe siècle, le problème reste entier : d'où vient la morale ?

À vous !

Levez-vous pour attraper un morceau de papier et un crayon, profitez-en pour regarder s'il reste du gâteau au frigo (la lecture de ce livre n'en sera que plus savoureuse) et griffonnez sur le papier votre réponse spontanée à cette question : d'où vient la morale ? Ce sera intéressant de voir si vous avez changé d'avis en fin de livre.

C'est fait ? Alors continuons !

Je serais prêt à parier que votre réponse à cette question tient en un de ces trois mots : éducation, religion, culture. Après tout, elle n'est pas si lointaine l'époque où nos aïeux recevaient des leçons de morale à l'école. Après tout, même si la croyance en Dieu régresse chez les Occidentaux[5], les livres religieux n'ont pas disparu et une certaine « culture religieuse morale » pourrait perdurer. D'ailleurs, beaucoup de personnes dans le monde pensent qu'il est nécessaire de croire en Dieu pour être moral[6] : 53 % aux États-Unis par exemple, un pourcentage qui monte à 95 % dans certains pays et baisse à 15 % dans d'autres comme la France, où cette croyance est la moins répandue. Enfin, la culture est une des sources morales les plus évidentes, parce qu'on observe des morales différentes dans des cultures différentes, parce qu'on fait souvent de la morale un élément important pour « vivre en société », parce que nos livres de droit sont remplis de lois qui contraignent nos comportements, et parce que nos sociétés semblent extrêmement dépendantes d'institutions comme la police pour faire régner l'ordre.

Sans nier qu'éducation, religion et culture jouent un rôle, je vais vous présenter une autre possibilité : que les jugements moraux peuvent avoir des bases biologiques et qu'ils peuvent être compris comme le produit d'une capacité cognitive évoluée par sélection naturelle. L'hypothèse est que nous aurions tous dans la tête un « sens moral », équivalent au sens du goût ou de l'odorat, mais spécialisé dans la production de jugements moraux. Comme le goût, ce sens moral aurait des bases génétiques, de telle sorte qu'on pourrait considérer les bébés comme des petits êtres précâblés, préparés à produire des jugements moraux. Drôle d'idée vous devez penser ? Tant mieux. Plus cette proposition vous paraît farfelue, plus vous devriez apprendre de la lecture de ce livre.

Avant d'entrer dans le vif du sujet, il me faut expliciter trois points. Le premier, je peux l'emprunter directement à Richard Dawkins :

« Je ne me fais pas l'avocat d'une moralité fondée sur l'évolution. Je décris simplement comment les choses ont évolué. Je ne dis pas comment nous, humains, devrions moralement nous conduire. J'insiste sur ce point parce que je sais que je risque d'être mal compris par les gens, bien trop nombreux, qui ne peuvent faire la différence entre affirmer ce que l'on croit être et militer pour ce qui devrait être[7]. »

Comme Dawkins, à aucun moment je ne vais vous dire ce que vous devez trouver moral de faire ou de penser. Je vais uniquement parler de ce que les gens, *en général*, trouvent qu'il est moral de faire. Je vais réaliser ce qu'on appelle une « approche *descriptive* » de la morale, qui comme son nom l'indique se contente de décrire la morale telle qu'elle est produite et pratiquée par les humains. Cette approche descriptive s'oppose à l'approche normative (aussi appelée « prescriptive »), qui, elle, a réellement pour but d'établir ce qui est bien ou mal, d'établir des règles que l'on devrait suivre pour bien vivre. Mes formulations seront peut-être parfois ambiguës, mais je répète que je n'essaierai jamais de vous dire comment vous comporter. Quand vous lirez des phrases comme « la morale, c'est ça », vous devrez comprendre « voilà ce que les gens trouvent moral, en général, quand on leur demande leur avis ». Vous ne devrez en aucun cas comprendre « c'est ça que les gens doivent trouver moral ».

Deuxièmement, je ne vais pas démarrer ce livre en vous donnant une définition de la morale. Certains le regretteront sûrement, mais je n'aime pas donner trop d'importance aux définitions au début d'un travail de recherche. En tant que psychologue, ce qui m'intéresse, c'est de comprendre ce qui se passe dans la tête des humains, et en particulier pourquoi ils trouvent que dans la vie il y a certaines choses « qui se font » et d'autres « qui ne se font pas ». Certains appelleront cette sensation « équité », d'autres « justice », d'autres encore « morale », et certains auront des théories élaborées sur ce que peut bien traduire cette sensation, mais cela ne changera pas ce qu'ils ont dans la tête.

De plus, trouver une définition de la morale est pour moi plutôt un objectif qu'un point de départ. En tant que biologiste de l'évolution (ma deuxième formation), si j'arrivais à connaître la raison pour laquelle la morale a évolué, j'aurais trouvé une définition qu'on appelle « fonctionnelle », qui nous indique la fonction évolutionnaire de la morale. Attention néanmoins à ne pas mal interpréter les mots « raison » et « fonction » ! Ces termes peuvent se comprendre de deux façons : comme les buts prédéfinis que la morale aurait permis d'atteindre, ou comme les avantages de survie qui ont fait en sorte que le sens moral perdure au cours de l'évolution. La première interprétation est dite « finaliste » en ce qu'elle considère que les êtres vivants ont des buts à atteindre, ou qu'il existe une fin à l'évolution : cette interprétation est à rejeter absolument ! Il n'y a pas de finalité en évolution biologique. La deuxième interprétation est la bonne : certaines caractéristiques apparaissent par hasard et confèrent par la suite des avantages de survie qui font qu'elles se maintiennent et se répandent. Cette propriété justifie bien l'emploi du mot « fonction » ou « raison », dont le sens est alors très proche de l'expression « raison d'être ». Vous trouverez parfois dans ce livre des formulations qui se prêtent à cette double interprétation, ou qui utilisent des termes finalistes de façon métaphorique uniquement (à commencer par le titre, le cerveau n'a bien sûr pas « inventé » la morale dans un but prédéfini). Je compte sur vous pour ne pas vous tromper d'interprétation.

À vous !

Reprenez votre bout de papier et inscrivez-y votre réponse à cette deuxième question : c'est quoi la morale ? Si la réponse ressemble trop à la première, vous pouvez à la place vous attaquer à cette interrogation : à quoi sert la morale ?

Enfin, sachez que le champ de recherche que je m'apprête à vous présenter fait preuve de la même effervescence qu'un cachet d'aspirine dans un verre de champagne. Les hypothèses sur les origines évolutionnaires de la morale sont encore nombreuses et ne seront probablement pas départagées avant un moment. Séchez vos larmes, c'est précisément ce qui rend l'étude de ce sujet si intéressante ! Quand les avis des chercheurs divergent, je m'efforcerai de vous présenter les désaccords de la façon la plus neutre. (En relisant mon manuscrit, je suis quasiment certain d'avoir échoué. Retenez donc qu'aucune des hypothèses présentées dans ce livre ne peut être acceptée sans une certaine réserve.)

Si vous avez suivi mon conseil, la réponse à ces deux questions doit figurer sur votre morceau de papier :

- d'où vient la morale ?
- c'est quoi la morale ? / à quoi sert la morale ?

N'oubliez pas de relire vos réponses après avoir terminé ce livre ; vous constaterez peut-être que votre avis a évolué. Vous pouvez même me les envoyer à l'adresse https://homofabulus.com/morale avec un commentaire sur l'évolution de vos croyances, cela m'intéresse fortement !

1
LE SENS MORAL

« Les principes moraux plaisent à notre esprit comme le bœuf, le mouton et le porc plaisent à notre bouche. »

MENCIUS, *The Works of Mencius*,
IVe siècle avant notre ère

Toutes mes excuses pour cette entrée en matière peu végé-friendly, mais cette citation illustre parfaitement ce dont nous allons parler dans ce chapitre. Pour bien comprendre ce dont il s'agit, nous avons besoin de distinguer trois approches utilisées par les chercheurs pour étudier la morale : l'approche naturaliste, l'approche culturaliste et l'approche rationaliste.

Au sens le plus large, être naturaliste, c'est défendre une théorie qui est compatible avec les sciences naturelles. Cela demande de ne faire intervenir que des causes et principes naturels pour expliquer un phénomène (qu'il s'agisse de la morale ou non). Cela peut paraître normal, mais c'est déjà une entreprise hors du commun, au vu des nombreux auteurs qui ont eu recours au surnaturel par le passé. Le naturaliste ne s'en laisse pas conter et étudie la morale comme n'importe quel autre phénomène physicochimique (bien que dans ce livre vous entendrez peu parler de physique et de chimie et plus des niveaux d'organisation supérieurs, de la biologie à l'anthropologie en passant par la psychologie).

Être naturaliste possède également un sens plus strict et plus ambitieux. Selon celui-ci, être naturaliste consiste à se servir de la théorie de l'évolution et de ce que les sciences cognitives nous disent du cerveau pour étudier le comportement humain. Par exemple, étudier les préférences alimentaires de façon naturaliste, c'est se demander si ces préférences ne pourraient pas venir d'un mécanisme psychologique évolué par voie de sélection naturelle, plutôt que d'être le fruit du hasard ou entièrement spécifiées par le milieu dans lequel on grandit. De la même façon, dans le domaine de la morale, être naturaliste consiste à se demander si la morale ne pourrait pas être le produit d'une capacité cognitive évoluée par sélection naturelle.

On appelle parfois ce naturalisme strict « psychologie évolutionnaire », un terme qui a le mérite d'être transparent et de montrer son attachement à étudier le comportement humain sans ignorer ni ce qui se passe dans le cerveau ni la théorie de l'évolution. Ce terme permet aussi de se démarquer de certaines approches qui sont naturalistes au sens large mais pas au sens strict : elles n'utilisent que des causes et des principes naturels, mais ne font jamais référence à la théorie de l'évolution ni à la façon dont le cerveau est structuré pour expliquer le comportement. Cette distinction entre naturalisme strict et large est très importante (de nombreuses idées présentées dans ce livre n'auraient jamais pu voir le jour sans le naturalisme strict) mais, par souci de simplification, je me restreindrai à l'utilisation du mot « naturaliste » par la suite*.

Passons au culturalisme. Si vous êtes culturaliste, vous pensez que la morale vient de la culture, et en particulier de l'internalisation de normes (que ces normes soient directement promues par des personnes et institutions, ou plus diffuses et implicites dans la société). Il existe un continuum de façons d'envisager l'importance de la culture, de ceux qui pensent qu'elle influe peu à ceux qui jugent qu'elle est toute-puissante. Chez les universitaires, l'anthropologue Ruth Benedict est peut-être la représentante la plus emblématique des « culturalistes hard-core », n'hésitant pas à affirmer que :

« La morale diffère dans chaque société, et est un terme utile pour désigner les coutumes approuvées socialement. L'humanité a toujours préféré dire "c'est moralement bien" plutôt que "c'est habituel" [...]. Mais historiquement, les deux expressions sont synonymes[1]. »

Bien que les théories culturalistes aient encore eu beaucoup de succès dans la seconde moitié du XXe siècle[2], il est difficile d'évaluer à quel point ce culturalisme hard-core demeure présent aujourd'hui chez les universitaires. En ce qui concerne le grand public, il me semble encore assez répandu. C'est donc à ce culturalisme du grand public que je ferai référence quand je parlerai des explications du « tout-culturel ».

* Il existe une dernière façon de « naturaliser la morale », qui est de dire que les seules règles morales que nous devons accepter sont celles qui se trouvent dans la nature. Il s'agit de morale prescriptive qui ne m'intéresse pas, mais nous reparlerons de ceux qui s'y sont essayés au chapitre 10.

Enfin, vous pouvez être rationaliste en matière de morale. Vous pouvez penser que celle-ci vient avant tout de raisonnements. Comme les culturalistes, les rationalistes pensent que nous naissons plus ou moins exempts de tout jugement moral. Cependant, ils postulent que la morale se forme non pas par internalisation de normes, mais par une réflexion sur le monde et les rapports sociaux. Selon les rationalistes, l'important pour qu'un enfant puisse développer une morale, c'est de pouvoir interagir suffisamment avec ses camarades, expérimenter le monde et évaluer où se situent les intérêts des uns et des autres. L'enfant finira par intégrer que frapper quelqu'un, c'est mal, parce qu'il aura compris qu'on peut être frappé en retour, et que l'on éprouve de la douleur quand cela se produit.

Les rationalistes expliquent que le meilleur moyen de faire comprendre à un enfant les lois qui régissent le mouvement des liquides, ce n'est pas de lui donner un cours de mécanique des fluides (la branche de la physique qui étudie cet état de la matière), mais de le laisser jouer pendant quelques heures avec un verre et un seau d'eau*. Par analogie, pas besoin d'apprendre explicitement aux enfants ce qui est bien et mal, ils le découvriront par eux-mêmes. Certains rationalistes ajouteront qu'à l'âge adulte, la morale peut encore être comprise comme un produit du raisonnement – que l'on pèse le pour et le contre de différentes actions et que l'on considère tout un tas de paramètres avant de prendre une décision (c'est d'ailleurs pour cela qu'on passerait une si grande partie de notre temps à justifier nos jugements moraux auprès des autres).

* Les rationalistes ne doivent pas se ruiner en cadeaux de Noël.

Ces définitions sont évidemment très crues et elles seront affinées. Par la suite, nous verrons qu'il existe plusieurs arômes de culturalisme, plusieurs parfums de rationalisme, et plusieurs saveurs de naturalisme.

À vous !

Reprenez votre bout de papier et notez-y votre théorie préférée de la morale. Êtes-vous un culturaliste dans l'âme, un naturaliste enthousiaste ou un rationaliste invétéré ?

Revenons maintenant à la citation qui ouvre ce chapitre : « Les principes moraux plaisent à notre esprit comme le bœuf, le mouton et le porc plaisent à notre bouche. » Cette phrase a été prononcée il y a plus de 2 400 ans par le philosophe chinois Mencius, qui suggère par là que notre cerveau fait la différence entre le bien et le mal aussi naturellement qu'entre les bons aliments et les mauvais[3]. Plus tard, les philosophes écossais du XVIIIe siècle, et notamment Shaftesbury, Hutcheson, Butler et Smith, reprennent les mêmes éléments de langage et comparent le sens moral à un *organe mental*[4]. Comme le cœur ou le foie sont des organes du corps, le sens moral serait un organe de l'esprit, au même titre que le sens de la vue, de l'odorat ou du goût.

Cette métaphore de l'organe mental est intéressante parce qu'elle résonne avec une vision moderne du cerveau. Les sciences cognitives nous apprennent en effet que notre cerveau est constitué de différents « algorithmes »[5]. Ce mot très à la mode peut signifier différentes choses en fonction de la personne qui l'utilise ; ici, je l'emploierai simplement comme synonyme de « programme qui fait des calculs ». Un algorithme, c'est un programme cognitif qui reçoit de l'information en entrée, l'utilise dans des calculs et produit une nouvelle information en sortie. Les sciences cognitives nous apprennent que notre cerveau n'est pas constitué d'un seul algorithme généraliste bon à tout faire, qui saurait à la fois parler, compter, mémoriser, avoir des émotions, etc. Au contraire, toutes ces tâches seraient effectuées par des algorithmes différents, bien que pas complètement séparés. Notre cerveau serait constitué d'un ensemble d'algorithmes plus ou moins spécialisés dans la réalisation d'une tâche particulière, comme identifier des saveurs pour le sens du goût.

Des critères existent pour repérer la présence de tels algorithmes : rapidité, automatisme, spécificité, caractère non conscient et universalité. Passons ces critères en revue en prenant comme exemple la vision. Le sens de la vue est rapide : quand vous ouvrez les yeux le matin, vous voyez immédiatement le morceau de tissu délavé qui vous sert de peluche depuis l'âge de 5 ans. En une fraction de seconde, votre cerveau a créé une image mentale des objets qui vous entourent. Le sens de la vue est automatique : quand vous ouvrez les yeux, vous ne pouvez pas vous empêcher de voir ce qui vous entoure, vous ne pouvez pas décider de ne *rien* voir. Le sens de la vue est non conscient : vous n'avez pas accès aux calculs que fait votre cerveau pour transformer les signaux électriques qu'il reçoit de l'œil en images. Le sens de la vue est spécifique : il n'est activé que par des stimuli bien précis, des ondes électromagnétiques (et non, par exemple, des molécules odorantes qui flottent dans l'air). Enfin, le sens de la vue est universel : à moins de malformations, maladies ou accidents, tous les humains sont dotés d'un sens de la vue.

Les sens perceptifs sont peut-être les plus connus, mais il existe une quantité d'autres capacités cognitives qui pourraient mériter l'appellation de « sens ». Par exemple, la capacité à comprendre et manipuler les quantités numériques semble posséder les mêmes caractéristiques. Le neuroscientifique Stanislas Dehaene n'hésite pas à parler d'un (ou même de plusieurs) « sens des nombres » présent chez l'humain (et probablement d'autres espèces)[6]. Soit un chiffre : 5. Que vient-il de se passer dans votre cerveau quand vous l'avez vu ? Selon Stanislas Dehaene :

« Un chiffre arabe nous apparaît en premier comme une distribution de photons sur la rétine, un motif reconnu par les aires visuelles du cerveau comme ayant la forme d'un chiffre familier. [...] Mais le cerveau ne s'arrête pas à une reconnaissance de formes. Il reconstruit rapidement une représentation continue et compressée de la quantité associée. Cette conversion en quantité a lieu inconsciemment, automatiquement, et très rapidement. Il est virtuellement impossible de voir la forme du chiffre 5 sans immédiatement la traduire en la quantité 5 – même si cette traduction n'a aucune utilité dans le contexte présent. Comprendre les nombres se fait par réflexe[7]. »

Ce que nous font remarquer les philosophes écossais du XVIIIe siècle, c'est que le sens moral semble posséder exactement les mêmes caractéristiques. Le sens moral est rapide : quand je vous demande s'il est acceptable de laisser un enfant se noyer, vous n'avez pas besoin de réfléchir des heures pour donner votre réponse. Le sens moral est automatique : vous ne pouvez pas vous empêcher de considérer la situation de l'enfant qui se noie devant vous comme une situation morale, une situation dans laquelle un problème moral se pose. Et le sens moral est non conscient : vous n'avez pas accès aux calculs que fait votre cerveau pour déterminer que laisser se noyer un enfant est mal. Vous n'avez accès qu'au résultat final : que c'est mal*.

Ce caractère non conscient et automatique de la morale est parfaitement illustré dans une série d'expériences réalisées par le psychologue Jonathan Haidt[8]. Lisez donc le petit texte suivant :

« Jennifer travaille à la fac de médecine comme assistante de recherche. Le laboratoire prépare des cadavres humains qui sont utilisés pour apprendre l'anatomie aux étudiants. Les cadavres viennent de personnes qui ont décidé de donner leur corps à la science à des fins de recherche. Un soir, Jennifer s'apprête à quitter le labo quand elle aperçoit un corps qui sera détruit le lendemain. Jennifer est végétarienne, pour des raisons morales. Elle pense que ce n'est pas bien de tuer des animaux pour se nourrir. Mais là, quand elle a vu un corps déjà mort sur le point d'être incinéré, elle s'est dit qu'il était irrationnel de gâcher de la viande parfaitement mangeable. Elle décide donc de couper un morceau de chair, le ramène à la maison et le cuit. La personne venait de mourir d'une crise cardiaque, et elle s'est assurée de bien faire cuire la viande, il n'y avait donc aucun risque de maladie. »

---

* La possibilité de justifier ses jugements moraux dans certaines situations sera discutée un peu plus loin et au chapitre 9.

Bienvenue dans le monde merveilleux des expériences de psychologie morale !

La question que je vous pose maintenant : Jennifer a-t-elle fait quelque chose de mal ? Et si oui, pourquoi ? Quand les chercheurs ont interrogé des sujets, ils se sont rendu compte qu'une grande partie d'entre eux trouvaient le comportement de Jennifer condamnable. Rien d'étonnant jusque-là, vous allez me dire. Mais plus intéressant, beaucoup d'entre eux étaient aussi incapables de justifier ce jugement, même lorsqu'ils étaient poussés dans leurs retranchements. Soit ils n'arrivaient pas du tout à décrire pourquoi Jennifer avait mal agi, bafouillant des « c'est comme ça ! », « c'est juste mal ! », « je ne sais pas pourquoi, je ne peux pas l'expliquer, je sais juste que c'est mal », « je suis pas venue ici pour souffrir, ok ? » ; soit ils donnaient de *fausses* raisons, des raisons qui ne font que redécrire la situation ou sont invalidées par l'histoire elle-même : « c'est du cannibalisme* », « il y a un risque de maladie ».

Cette incapacité à pouvoir justifier nombre de ses jugements moraux a été nommée « ahurissement moral » par les psychologues. Cet ahurissement est un argument en faveur des théories naturalistes, ou tout du moins en défaveur des théories rationalistes, qui avaient dominé la psychologie morale de la seconde moitié du XXe siècle. L'ahurissement moral montre en effet que l'on est capable d'avoir des jugements moraux sans toujours être capable de les justifier. Ce n'est pas ce à

* Ceci n'est qu'une redescription, pas une explication : il reste à expliquer pourquoi le cannibalisme, c'est mal. Si vous répondez « parce que le cannibalisme consiste à manger d'autres humains », c'est à nouveau une redescription : pourquoi est-ce mal de manger d'autres humains ?

quoi on s'attendrait si on faisait de la réflexion la cause des jugements moraux.

Rappelez-vous: les rationalistes pensent que la morale se forme par confrontation avec le monde et par des raisonnements sur ce qui cause du tort aux autres. Le psychologue Jean Piaget par exemple, un rationaliste célèbre, estimait qu'avant 6 ou 7 ans, les enfants se contentent bêtement de suivre les règles de leurs parents; vers 7 ans, ils commencent à prendre en compte des paramètres comme l'intentionnalité; vers 10 ans, leur expérience de la résolution de conflits avec leurs pairs est maintenant assez grande pour se rendre compte que la morale n'est pas qu'une histoire d'autorité[9]. Lawrence Kohlberg, autre psychologue rationaliste, a mis en évidence d'autres étapes clés du développement moral: avant 10 ans, les enfants se concentrent sur les conséquences des actions; à l'adolescence, sur les lois et les normes sociales; et à l'âge adulte sur de grands principes moraux indépendants des lois et de leurs conséquences[10].

Toutes ces études se focalisaient surtout sur les *justifications* des jugements moraux des enfants, et non pas sur les jugements en eux-mêmes. En l'absence de justification adéquate, on disait qu'il n'y avait pas eu de jugement moral. Le problème, comme nous venons de le voir avec l'histoire de Jennifer, c'est que même des adultes parfaitement capables de raisonner et verbaliser leurs raisonnements n'arrivent pas toujours à expliquer pourquoi une action est mauvaise. Ce n'est pas ce à quoi on s'attendrait si le raisonnement constituait réellement la base des jugements moraux. De plus, si un enfant est incapable de verbaliser que son jugement moral a pris en compte l'intentionnalité de l'action (par exemple), cela ne veut pas dire que son cerveau ne l'a pas fait effectivement. Votre cerveau ne vous dit pas tout ce qu'il fait ! Enfin, on a aussi beaucoup reproché aux chercheurs rationalistes de présenter leurs petits dilemmes moraux aux enfants uniquement de façon verbale. Cela rejette d'emblée la possibilité que les chérubins puissent exprimer des jugements moraux avant de comprendre un langage. Peut-être que les enfants se sont montrés incapables d'avoir certains jugements parce qu'ils n'avaient tout simplement pas compris les petites histoires qu'on leur racontait : trop compliquées, trop de vocabulaire, trop de personnages. En simplifiant les expériences de Piaget (en utilisant des petits dessins plutôt que des mots), les psychologues du XXIe siècle ont réussi à montrer que l'intentionnalité est prise en compte par les enfants plus tôt que ce que l'on pensait[11].

Toutes ces données sur l'ahurissement moral et le caractère automatique, rapide et inconscient des jugements moraux expliquent pourquoi un certain nombre de chercheurs supportent aujourd'hui un modèle de la morale que l'on appelle « intuitionniste », un terme popularisé par le psychologue Jonathan Haidt. Pour Haidt, les jugements moraux ne sont pas fondés sur de la réflexion mais sur des intuitions, qu'il présente ainsi :

« Les intuitions sont les jugements, solutions, idées qui nous viennent d'un seul coup à l'esprit sans que nous ne sachions quels processus mentaux les ont produits. Quand vous trouvez soudainement la réponse à un problème qui vous taraudait, quand vous savez que vous aimez quelqu'un sans savoir pourquoi, votre connaissance est intuitive. Les intuitions morales sont une sous-classe d'intuitions, où des sentiments d'approbation ou de désapprobation nous viennent à l'esprit en entendant parler de ce que quelqu'un a fait[12]. »

Dans la perspective intuitionniste, la réflexion n'est pas ignorée, mais elle est souvent reléguée au rang de justification *a posteriori*[13]. Les intuitions arrivent d'abord et le raisonnement essaie ensuite de les justifier. Pour Haidt, le raisonnement ressemble plus à un « avocat qui essaie de constituer un dossier qu'à un juge qui recherche la vérité[14] ». Un peu comme un porte-parole de gouvernement qui se retrouve à devoir justifier des décisions qu'il n'a pas prises et ne sait même pas pourquoi elles ont été prises. Un peu comme quand vous essayez de trouver de bonnes raisons d'avoir fini le dernier pot de glace au congélateur (« il allait périmer », « il prenait de la place »), alors que vous avez juste agi sur un coup de tête.

Cela ne veut pas dire que *tous* nos jugements moraux sont intuitifs, automatiques et inconscients. Nous sommes aussi capables de produire des jugements moraux de façon non automatique et consciente, après avoir réfléchi pendant des heures – ce que l'on pourrait appeler des « réflexions morales ». Cette distinction entre intuitions et réflexions morales est une distinction importante sur laquelle nous reviendrons. En première approximation, nous pouvons considérer que la morale à laquelle nous sommes confrontés dans la vie de tous les jours est fondée sur des intuitions rapides, automatiques et inconscientes produites sans avoir eu besoin de réfléchir particulièrement[15].

Accepter l'existence d'un « sens moral » donne d'ores et déjà des pistes pour expliquer une des caractéristiques bizarres de la morale que l'on a évoquée en introduction : le fait qu'elle ne dépende pas de nous, qu'elle semble exister en dehors de nous. En fait, la morale est bien produite par notre cerveau, mais comme elle est le résultat de processus rapides, non conscients et automatiques, nous avons l'impression qu'elle est indépendante de nous. Un peu comme avec les illusions d'optique. Quand vous croyez voir deux lignes qui n'ont pas la même longueur, mais qu'en mesurant avec une règle vous vous apercevez qu'elles sont identiques (voir figure 1), *vous n'en croyez pas vos yeux*. L'expression est d'ailleurs mal choisie, il serait plus exact de dire que *vous n'en croyez pas votre règle*, car du côté de vos yeux, le constat est évident : ces deux lignes n'ont pas la même longueur. Vous seriez prêt à parier qu'il s'agit d'une vérité objective et universelle qui ne dépend pas de vous. Et pourtant, votre règle vous apprend que vous vous trompez. Cette erreur vient du fait que votre cerveau ne vous fournit pas une retranscription fidèle du monde autour de vous, mais qu'il l'*interprète* en permanence sans vous demander votre avis. Et comme il le fait de façon rapide et non consciente et qu'il ne vous offre que le résultat de ses calculs, il est très dur de se rendre compte de la fourbe supercherie. C'est peut-être une évidence à dire, mais il est difficile de penser en dehors de son cerveau.

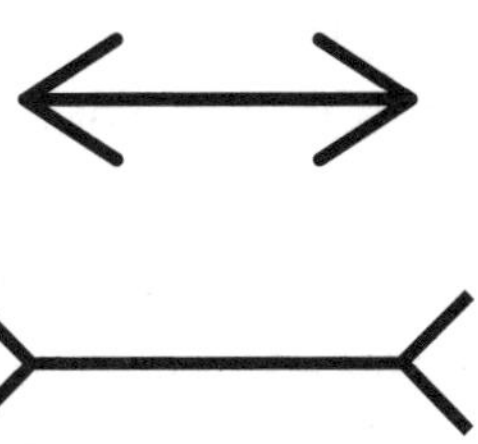

Figure 1 – Illusion de Müller-Lyer : en l'absence de moyens de mesure, il est très facile de penser que la différence de longueur de ces lignes est une propriété objective de l'univers.

Les plus accros aux réseaux sociaux se rappelleront peut-être l'épisode de la robe bicolore qui avait pris le Web par surprise en février 2015. Devant la photo de cette robe, l'humanité se divisa en deux camps : ceux qui la voyaient noir et bleu, ceux qui la pensaient blanc et or. Pour quelqu'un la voyant d'une couleur particulière, impossible d'imaginer qu'un autre humain puisse la percevoir dans une autre teinte. Toute personne qui affirmait que la robe était noir et bleu alors que nos yeux la voyaient blanc et or se trompait sur l'état de l'Univers.

Les mêmes tours de passe-passe cérébraux peuvent expliquer pourquoi la morale nous paraît exister de façon objective en dehors de nous. La morale est produite tellement naturellement et insidieusement par notre cerveau qu'il est très difficile d'imaginer qu'elle puisse être restreinte à notre matière grise, ou qu'elle soit subjective.

Hutcheson avait déjà fait remarquer que cesser de penser qu'il n'existe que cinq sens pourrait résoudre beaucoup de mystères de l'esprit humain[16] :

« Tous les hommes ressentent quelque chose dans leur cœur en ce qui concerne la vertu, chose qui est difficile à expliquer. Cette difficulté vient probablement de nos idées sur l'existence d'un nombre restreint de sens, qui font que nous sommes réticents à en invoquer d'autres dans nos théories. »

Accepter qu'il puisse exister plus de cinq sens, et en particulier un sens moral, résout bien des mystères ! La métaphore du « sens moral » est très utile et sera employée à plusieurs reprises dans ce livre. Elle permet aussi d'expliciter la façon dont les psychologues évolutionnaires envisagent la morale. Le sens moral est vu comme une sorte de boussole psychologique qui nous aide à décider comment nous comporter avec les autres. S'il est possible de décrire le sens du goût comme un outil de navigation dans un monde alimentaire parfois dangereux (le sens du goût nous fait recracher les aliments amers par exemple, souvent associés à des toxines dans la nature), le sens moral est envisagé comme un outil de navigation dans un monde social. Contrairement au goût, nous ne savons pas bien à quoi réagit le sens moral précisément, ni quelles situations sociales il cherche à nous faire éviter. Nous ne connaissons pas encore la « spécificité » du sens moral, une caractéristique importante de tout sens qui désigne la gamme restreinte de stimuli auxquels il réagit. Par exemple, le sens du goût réagit à des molécules dans les aliments ; le sens de la vue à des ondes électromagnétiques ; l'audition à des vibrations de molécules de l'air, etc. Nous sommes quasiment certains que le sens moral possède aussi une spécificité, car tous les états du monde ne déclenchent pas de jugement moral : personne ne moralise un oiseau qui se pose sur une branche ni un géologue qui randonne en Bretagne. Cependant, arriver à identifier précisément quels stimuli activent le sens moral est une autre paire de manches.

En fait, il est probable que répondre à cette question nous permettrait de répondre à la question qui taraude les philosophes depuis des siècles : « C'est quoi la morale ? » Nous garderons cette tâche gargantuesque pour les chapitres 5 et 6. L'humain est capable de sentir, mais a longtemps ignoré que son odorat réagissait à la présence de molécules en suspension dans l'air. Ce n'est que grâce aux progrès de la science que nous le savons maintenant. L'humain est capable de voir, mais a longtemps ignoré que son sens de la vue réagissait à des ondes électromagnétiques qui se propagent dans l'air. Ce n'est que grâce aux progrès de la science que nous le savons maintenant. L'humain est capable de morale, mais nous ignorons encore *à quels stimuli de l'univers ce sens moral réagit*. Ce livre a pour but d'essayer de répondre à cette question.

Ce qu'il faut retenir

Les sens perceptifs ne sont pas les seuls sens dans notre cerveau. Nos jugements moraux possèdent certaines propriétés, comme l'automatisme, la rapidité, le caractère non conscient et la spécificité, qui font penser qu'ils pourraient eux aussi être produits par un sens. La métaphore du sens permet de clarifier le projet naturaliste : il s'agit de découvrir les stimuli qui activent ce sens et les calculs effectués par l'algorithme à partir de ces stimuli. L'analogie entre le sens moral et le sens du goût sera réutilisée tout au long du livre, gardez-la en tête !

2
SOMMES-NOUS PRÉCÂBLÉS POUR ÊTRE MORAUX ?

« Ô Montaigne ! toi qui te piques de franchise et de vérité, sois sincère et vrai, si un philosophe peut l'être, et dis-moi s'il est quelque pays sur la Terre où ce soit un crime de garder sa foi, d'être clément, bienfaisant, généreux ; où l'Homme de bien soit méprisable, et le perfide honoré. »

ROUSSEAU JEAN-JACQUES,
Émile, ou de l'éducation, 1762

Mais à quelle bêtise écrite par Montaigne peut bien répondre Rousseau ? À ce paragraphe-là :

« Ici on vit de chair humaine ; là c'est office de piété de tuer son père en certain âge ; ailleurs les pères ordonnent des enfants encore au ventre des mères, ceux qu'ils veulent être nourris et conservés, et ceux qu'ils veulent être abandonnés et tués. »

MONTAIGNE M. DE, *Les Essais*, 1580

Trois siècles ont passé depuis ces échanges dignes des réseaux sociaux modernes, mais le débat existe toujours. En regardant les us et coutumes des autres pays, faut-il remarquer leur variabilité avec Montaigne ou leurs régularités avec Rousseau ? Ce débat est évidemment intéressant pour nous, car si un sens moral a évolué par sélection naturelle et s'est traduit par un précâblage universel, on peut s'attendre à retrouver des régularités morales de par le monde. Si la variabilité morale des populations humaines est généralement bien visible, cache-t-elle des régularités ? C'est la grande question qui va nous intéresser dans ce chapitre.

Nous chercherons aussi à savoir à quel âge les humains commencent à produire des jugements moraux, car une apparition précoce (avant qu'une socialisation importante n'ait eu lieu) est aussi un potentiel indicateur de précâblage. Nous parlerons également de génétique et d'émotions, et de modèles mathématiques de l'évolution, autres données fournissant des arguments en faveur d'un précâblage. Mais retournons à la question qui taraudait Montaigne et Rousseau : lors du passage en revue de comportements moraux tout autour du globe, faut-il plutôt remarquer leur variabilité ou leur régularité ?

De nos jours, ce débat est alimenté par des données plus fiables que les témoignages de « plus suspects voyageurs », comme les qualifiait le taquin Rousseau. De nombreux anthropologues ont en effet étudié les mœurs de différentes sociétés humaines depuis le XIXe siècle. De plus, depuis une trentaine d'années, anthropologues, économistes et psychologues réalisent des expériences contrôlées dans différentes cultures pour comparer les jugements moraux.

Commençons par les données des anthropologues, ayant parfois vécu plusieurs années dans des sociétés traditionnelles et nous ayant laissé des comptes rendus précieux (que l'on appelle « ethnographies »). Si de nombreux anthropologues ont écrit sur la morale, il n'existe malheureusement pas de réelle « anthropologie de l'éthique » accompagnée de débats qui nous permettraient de retracer facilement l'histoire des idées de ce champ. Les anthropologues Abraham et May Edel racontent ainsi en 1968 :

« Il est vrai que dans une grande partie des matériaux de l'anthropologie – dans les comptes rendus de disputes de famille, dans les détails de l'instruction donnée aux jeunes dans les écoles, dans les lignes d'un discours donné en l'honneur d'un guerrier de retour – se trouve enfouie une mine de données sur les règles et les attitudes morales, sur les sanctions et les justifications, et sur la façon dont la morale opère dans la vie de tous les jours. Mais à part quelques essais précoces établis dans un cadre évolutionnaire (e.g., Westermarck, 1906), ces données ont rarement été organisées et analysées autour de thèmes liés à l'éthique. En regardant le sommaire général d'une publication représentative comme *American Anthropologist* pour la période allant de 1888 à 1938, on ne trouve que quatre références à des articles sur la morale et l'éthique – et rien du tout sur les vertus, le bien, le bon, le caractère, le péché ; pas même la conscience morale, la culpabilité ou la honte[1]. »

On pourrait penser que les choses se sont améliorées depuis 1968, mais au début des années 2000, l'anthropologue James Laidlaw milite toujours pour la création d'un programme de recherche explicite sur l'éthique en anthropologie[2]. En 2019, d'autres se plaignent encore que « la situation actuelle n'est pas drastiquement différente » de celle de 1968, bien que depuis une vingtaine d'années on assiste tout de même à une résurgence de l'intérêt pour une anthropologie et une sociologie de la morale[3].

Il n'y aura donc pas de réponse toute prête apportée par l'anthropologie sur la question de la variabilité morale. L'absence d'anthropologie de l'éthique illustre aussi pourquoi je ne souhaitais pas démarrer ce livre en vous donnant d'emblée une définition de la morale, craignant de trop restreindre mon sujet. On attribue en effet souvent l'absence d'anthropologie de l'éthique au sociologue Émile Durkheim, qui avait prononcé au XIXe siècle une équivalence entre « ce qui est moral » et « ce qui est bon pour la société »[4]. Or, comme le formule l'anthropologue Jarrett Zigon :

« Si la morale est juste un autre terme pour les coutumes socialement approuvées, alors la morale devient synonyme de, par exemple, pratique religieuse, rituel, réciprocité, ou relations familiales. Ce sera un des points centraux de ce livre que d'avancer que cette confusion dans les définitions a bloqué le développement d'une étude anthropologique des moralités plus subtile et approfondie[5]. »

Nous y reviendrons… Intéressons-nous pour l'heure à nos ethnographies et analysons-les nous-mêmes. Malgré toute la diversité de comportements moraux que l'on y découvre, peut-on y trouver de quoi supporter les affirmations de Rousseau sur la présence de régularités morales partout dans le monde ?

Pour répondre à cette question, vous voudrez sûrement vous focaliser sur les sociétés traditionnelles qui ressemblent le plus à celles dans lesquelles nous avons évolué pendant des centaines de milliers d'années : les sociétés de chasseurs-cueilleurs. Cela vous permettra de ne pas étudier de sociétés ayant été « contaminées » par nos morales et religions occidentales. Vous devrez pour cela éliminer les sociétés sédentaires, celles qui ont commencé à stocker de la nourriture, subsistent grâce à l'horticulture, échangent des vivres avec les sociétés horticoles, sont longtemps restées en contact avec des comptoirs européens, regardent *The Voice* à la télé le samedi soir, etc. Ceci fait, vous vous retrouverez avec une grosse centaine de sociétés de chasseurs-cueilleurs. Si vous ne voulez garder que les sociétés ayant été *bien* étudiées, votre échantillon sera encore divisé par trois. Au final, vous obtiendrez une cinquantaine de sociétés de chasseurs-cueilleurs pour lesquelles nous disposons de relevés anthropologiques précis.

Analysant cet échantillon restreint, l'anthropologue Christopher Boehm observe que toutes les sociétés qui le composent semblent présenter trois caractéristiques importantes : elles sont indépendantes, nomades et égalitaires, telles des hippies des années 1960[6] :

« Rien que par les ethnographies, nous savons que ces peuples croient au partage du gros gibier avec tout le monde dans la bande, et qu'ils font tous face à des problèmes de déviance sociale, comme le racket et le vol, et emploient des moyens de contrôle social similaires pour les combattre. Ces cueilleurs partagent généralement un noyau de croyances morales où l'accent est mis sur l'égalité politique, tandis que les positions politiques des femmes qui ne chassent pas sont beaucoup plus sujettes à variabilité. Nous savons aussi que leurs bandes sont très flexibles, avec des familles qui s'installent et s'en vont comme elles le veulent, et qu'à n'importe quel moment un camp sera constitué d'un mélange de quelques individus apparentés et de beaucoup d'autres familles non apparentées[7]. »

Cette « égalité politique » dont parle Boehm est tellement répandue chez les chasseurs-cueilleurs que certains anthropologues utilisent le terme de « syndrome égalitaire » pour décrire la prévalence de ces préférences[8]. Tous les chasseurs d'un camp se reconnaissent généralement comme des égaux et ne souhaitent voir aucune hiérarchie, aucune domination s'installer. Ces régularités sont d'autant plus remarquables quand on pense à la diversité d'habitats dans lesquels vivent ces humains : toundras arctiques, forêts boréales, tempérées ou tropicales, jungles hostiles et plaines fertiles, savanes riches en gibiers ou déserts semi-arides[9]. Une diversité d'environnements incroyable, mais une vraie régularité dans l'organisation sociale.

Plus récemment, l'anthropologue Oliver Scott Curry a pris Rousseau au mot pour vérifier « s'il est quelque pays sur la Terre où ce soit un crime de garder sa foi, d'être clément, bienfaisant, généreux ». Analysant trois cents ans de relevés ethnographiques dans soixante sociétés traditionnelles, Curry montre que, partout, des valeurs comme aider son groupe, aider sa famille, retourner un service rendu, partager des ressources ou respecter la propriété sont considérées comme moralement bonnes[10].

Enfin, la lecture d'ethnographies est toujours l'occasion de tomber sur des anecdotes de vie morale croustillantes. Évidemment, il ne faut pas donner à ces anecdotes la même importance qu'aux revues systématiques, mais elles sont toujours très parlantes pour montrer que la psychologie de l'humain d'à côté n'est pas si différente de celle de l'humain du bout du monde. Je n'en mentionnerai qu'une, rapportée par l'anthropologue Eleanor Leacock qui, lors d'un voyage avec son guide Cri (un peuple autochtone du Canada), le questionna sur la raison qui l'avait poussé à donner toute sa farine et son lard à deux hommes affamés qu'ils venaient de croiser :

« J'essayais de savoir s'il était un peu ennuyé ou réticent d'avoir fait cela, ou au moins s'il s'attendait à ce qu'il y ait un retour un jour. Ce fut une des très rares fois où j'ai vu Thomas perdre patience avec moi, et me dire avec une profonde colère néanmoins réprimée : "Imagine maintenant, ne pas leur donner de farine, de lard – juste mort à l'intérieur." Plus révélateur que l'incident en lui-même fut le ton péremptoire de sa réponse et l'inférence de mon inhumanité la plus profonde d'avoir osé poser la question[11]. »

Plutôt que se fonder sur des comptes rendus d'anthropologues, d'autres chercheurs ont préféré faire eux-mêmes des expériences dans différentes cultures, avec une certaine créativité.

Certains ont par exemple fait semblant d'avoir trouvé un portefeuille dans la rue, en amenant aux guichets d'institutions comme La Poste un *faux* portefeuille, et en demandant que le guichetier s'en occupe[12]. Pour faire réaliste, les portefeuilles contenaient une liste de courses, une clé et trois cartes de visite, sur lesquelles se trouvait une adresse e-mail. L'idée était de voir combien d'e-mails les chercheurs recevraient de la part de guichetiers leur proposant de venir récupérer l'objet trouvé. De plus, certains portefeuilles contenaient de l'argent, d'autres non. Au total, 17 000 portefeuilles ont été égarés dans quarante pays différents ! D'après vous, quel pourcentage de guichetiers a cherché à retrouver le propriétaire du portefeuille ? Et la présence d'argent a-t-elle affecté ce nombre ?

Contrairement à ce que tout le monde avait prédit, quand un portefeuille contenait de l'argent, les guichetiers cherchaient *plus souvent* à retrouver son propriétaire que quand il n'en contenait pas. La présence d'argent a semblé non pas susciter la cupidité des guichetiers, mais au contraire activer leur sens moral. Ils se disent probablement que la perte d'un portefeuille est plus grave si de l'argent se trouve à l'intérieur. Et ce résultat a été observé dans 38 pays sur les 40 étudiés ! Alors, honnêtes partout dans le monde, les humains ?

Pas si vite. Si la présence d'argent augmente la probabilité que le guichetier envoie un e-mail, cette probabilité reste inférieure à 50 % dans la moitié des pays observés. En moyenne sur tous les pays, la probabilité qu'un e-mail soit envoyé est de seulement 51 % lorsque le portefeuille contient de l'argent. « Seulement » 51 % ? Vous avez le droit de trouver ça considérable. L'interprétation de ce genre d'expériences dépend beaucoup de la noirceur de votre vision initiale de la nature humaine. Quoi qu'il en soit, on ne peut nier que la variabilité interculturelle soit forte dans ce type d'expériences : dans certains pays, les guichetiers cherchent à rendre le portefeuille 70 % du temps, quand dans d'autres ils ne s'y emploient que 15 % du temps. Un point pour Montaigne, donc ?

Les mêmes difficultés d'interprétation émergent lorsque l'on compare la morale de différentes sociétés de chasseurs-cueilleurs. L'anthropologue Joseph Henrich et son équipe ont par exemple mesuré la générosité de quinze sociétés traditionnelles (plus les États-Unis), en effectuant une expérience on ne peut plus simple[13]. De l'argent est donné à une personne autorisée à reverser une partie à un autre membre de sa communauté. L'identité de ce membre n'est pas précisée : si le donneur décide d'être généreux, il ne saura pas à qui son don profitera précisément. De plus, on indique au donneur que le receveur ne sera pas non plus informé de son identité. Sous cette condition de double anonymat, les chercheurs observent ensuite si leur sujet décide de faire un don et, si oui, de quel montant.

Une fois de plus, les résultats peuvent être interprétés de deux façons. Si vous êtes un groupie de Montaigne, vous ferez remarquer que les dons ont varié entre 26 et 47 %, une différence du simple au double en fonction des sociétés. Vous ferez aussi remarquer que ce sont les habitants des États-Unis qui se sont montrés les plus généreux et que cette société est particulière sur bien des aspects.

Cependant, si vous avez un poster de Rousseau dans votre chambre, vous ferez remarquer que des sociétés très différentes ont parfois donné des montants très similaires. Les horticulteurs d'Indonésie donnent presque le même montant (41 %) que les chasseurs-horticulteurs de Russie (45 %), que les chasseurs-horticulteurs de Colombie (46 %), que les pasteurs du Kenya (44 %) ou que les… habitants de Los Angeles, justement (47 %). Dans une toute petite fourchette, tous les continents sont représentés, ainsi que des modes de subsistance très divers. Vous pourriez aussi faire remarquer qu'aucune société n'a jamais donné moins de 26 % ni plus de 50 %. Aucune société n'a été complètement égoïste ni ultragénéreuse. Un point pour Rousseau, donc ?

Une autre expérience interculturelle a cherché à tester l'universalité de la prise en compte de l'intentionnalité dans les jugements moraux[14]. L'intentionnalité est un paramètre moral important : une personne qui a causé un tort sera généralement jugée moins sévèrement si elle a causé ce tort sans intention de le causer. L'anthropologue Clark Barrett et ses collaborateurs ont cherché à savoir si cette importance de l'intentionnalité était universelle ou limitée à nos sociétés occidentales. En testant différentes sociétés traditionnelles tout autour du globe, ils ont montré… qu'on pouvait interpréter les résultats de deux façons. À une exception près, toutes les sociétés testées ont pris en compte l'intentionnalité dans leurs jugements moraux, ce qui plaira aux rousseauistes. Néanmoins, les montaigniens rétorqueront que l'importance de l'intentionnalité a varié du simple au triple en fonction des sociétés étudiées.

Au final, toutes les expériences interculturelles peuvent être interprétées de plusieurs façons. Si vous faites ces expériences en espérant trouver partout *exactement* les mêmes jugements moraux, vous allez être déçu. Mais si vous faites ces expériences en pensant trouver des sociétés aux mœurs complètement opposées à celles des Occidentaux (des sociétés qui ne prennent pas du tout en compte l'intentionnalité, ou des sociétés où « le perfide est honoré »), vous serez déçus aussi, de nombreuses régularités pouvant être observées. Ces régularités permettent de trouver l'hypothèse d'un sens moral universel moins farfelue. Ne restera plus qu'à expliquer d'où viennent les irrégularités. Avant cela, parcourons les autres données qui informent sur un possible précâblage moral du cerveau humain à la naissance.

Commençons avec les expériences faites sur des enfants et nourrissons. Pourquoi sont-elles intéressantes ? Parce que plus un jugement moral apparaît tôt, plus il y a des chances qu'il n'ait pas été causé par internalisation de normes sociales. Évidemment, ces données seront peu convaincantes si vous pensez qu'un enfant est *contaminé* très tôt et très fort par sa culture ou l'éducation de ses parents. Certains pensent que cela n'intervient pas avant plusieurs années, mais d'autres font remonter ce moment à la grossesse (rappelez-vous du Johnny que vous faisait écouter votre maman enceinte)… En fonction de votre opinion sur la question, les données présentées ci-après vous paraîtront plus ou moins convaincantes pour étayer la thèse de bases génétiques à la morale.

Si vous avez des enfants en bas âge, réjouissez-vous ! Pas pour tout le bonheur qu'ils vont vous apporter en grandissant, non, pas du tout. Pas de pouvoir compter sur quelqu'un pour s'occuper de vous à la fin de votre vie, ce serait trop égoïste. Réjouissez-vous plutôt d'avoir sous la main une source d'expérimentation infinie pour étudier la cognition humaine et le développement de la morale en particulier.

Dès l'âge de 6 ou 7 mois, mettez votre progéniture à contribution pour raccourcir les longues soirées d'hiver. Prenez-la sur vos genoux et montrez-lui deux petits spectacles de marionnettes. Dans le premier, une marionnette aide une autre à gravir une pente, en la poussant vers le haut. Dans le deuxième, une marionnette empêche l'autre de grimper, en la faisant retomber. Puis mettez les deux marionnettes, la *gentille* et la *méchante*, devant votre enfant. Vers laquelle pensez-vous qu'il se tournera spontanément ?

Si tout se passe comme dans de nombreuses expériences réalisées en conditions contrôlées en laboratoire (sur de nombreux bébés, en changeant les ordres de présentation des spectacles, etc.), votre enfant devrait vouloir interagir avec la gentille marionnette[15]. Dès l'âge de 6 ou 7 mois, à un âge où les humains ne sont pas grand-chose de plus qu'un tube digestif ouvert en permanence aux deux extrémités, les bébés préfèrent déjà interagir avec une marionnette qui aide plutôt qu'avec une marionnette qui embête.

Ne ratez pas non plus le premier anniversaire. Sitôt la bougie soufflée, reprenez votre progéniture sur les genoux (elle commence à peser, on est d'accord) et offrez-lui deux nouveaux spectacles. Dans le premier, une marionnette partage des bonbons en deux parts égales entre deux personnages. Dans le deuxième, la distribution réalisée est inégale. À nouveau, présentez les deux marionnettes à votre progéniture. Vers laquelle se dirigera-t-elle spontanément ? Très probablement, vers celle qui a partagé en deux parts égales[16].

Si les couches-culottes sont déjà de l'histoire ancienne pour vous, ne soyez pas triste. D'autres expériences vous permettront de vous rendre compte que dès l'âge de 3 ans, si votre enfant collabore avec un autre pour gagner d'appétissants bonbons, il décidera de les partager en deux parts égales une fois récoltés[17]. Et si jamais vous décidez vous-même du partage, et que pour embêter votre rejeton vous favorisez son camarade, votre enfant devrait s'opposer à vous. D'ailleurs, il devrait même s'opposer à vous si vous le favorisez lors du partage, un comportement remarquable comparé à celui d'autres primates.

Notez au passage qu'il est très important que les enfants collaborent avec d'autres pour qu'ils décident de partager spontanément en parts égales et s'opposent à des partages inégaux. Si vous donnez directement des bonbons à un enfant, sans qu'il ait eu à collaborer pour les obtenir, il aura beaucoup moins tendance à s'insurger des partages inégaux (tout du moins à l'âge de 3 ans). Ces résultats invitent d'ores et déjà à établir un lien entre sens de l'équité et coopération.

Enfin, un dernier type d'expériences effectué sur des enfants nous renseigne sur un possible précâblage. Les enfants, tout comme les adultes, savent en effet faire la différence entre des normes dites « conventionnelles », comme « il est interdit d'aller à l'école en pyjama », et des normes dites « morales », comme « il est interdit de frapper un camarade ». Si vous demandez à un enfant s'il est acceptable de venir à l'école en pyjama si la maîtresse a dit que c'était possible, il va vous répondre que oui[18]. Il s'agit là d'une norme conventionnelle, qui pourrait tout aussi bien ne pas être. En revanche, si vous lui demandez s'il est acceptable de frapper un camarade si la maîtresse a dit que c'était permis, il devrait vous répondre que non. Il s'agit là d'une norme morale, qui ne dépend pas de l'avis d'une personne, fût-elle une autorité. Vous pouvez même demander à des enfants élevés dans un environnement religieux s'il est acceptable de voler un objet si Dieu a dit que c'était toléré, et ils devraient vous répondre que non[19].

Les enfants, comme les adultes, semblent donc faire la différence entre des normes qui dépendent de l'autorité (les parents, la maîtresse d'école, Dieu) et des normes indépendantes de l'autorité. Ils font la distinction entre des normes qui ne sont que des conventions et qui pourraient changer si la convention changeait, et d'autres normes appelées « morales » qui ne sont pas négociables, une particularité déjà remarquée par Socrate[20]. Autrement dit, il semblerait qu'on ne puisse pas faire accepter n'importe quelle norme à nos cerveaux apathiques. C'est une épine dans le pied des partisans du tout-culturel, car si la morale n'est qu'une affaire de normes sociales internalisées, on ne comprend pas bien pourquoi toutes les normes ne seraient pas traitées de la même manière par nos cerveaux. Si les normes morales sont des normes culturelles comme les autres, socialement approuvées et internalisées, elles ne devraient pas avoir de statut particulier.

Un troisième ensemble de données appuie l'hypothèse d'un précâblage moral et nous vient des études de jumeaux. Ces dernières s'intéressent souvent aux *vrais* jumeaux, qu'on appelle « monozygotes » en langage scientifique. Les vrais jumeaux sont des clones du point de vue génétique, c'est-à-dire qu'ils ont exactement les mêmes gènes. Cette particularité fait que si vous prenez deux vrais jumeaux qui ont grandi dans des environnements différents (par exemple parce qu'ils ont été adoptés à la naissance par des familles différentes), et que vous vous rendez compte qu'une fois arrivés à l'âge adulte ils affichent exactement les mêmes opinions morales, vous pourrez en conclure que ce sont plutôt les gènes qui déterminent ces opinions, puisqu'un environnement différent n'aura pas suffi à les faire diverger.

En pratique, et pour quasiment n'importe quelle caractéristique physique ou psychologique (la taille, la probabilité de développer certaines maladies, l'agressivité...), les gènes *et* l'environnement ont toujours un rôle à jouer[21]. Les gènes et l'environnement sont en constante interaction. Si l'influence de l'environnement sur les opinions morales et politiques n'est pas nulle, les études de jumeaux nous montrent que l'influence des gènes non plus[22]. Attention, ces études ne veulent pas dire qu'il existe un gène qui fait voter à gauche et un autre qui fait voter à droite. Des caractéristiques aussi complexes que les jugements moraux ne peuvent qu'être influencées par de nombreux gènes, qui interagissent les uns avec les autres et avec leur environnement. En clair, cela veut dire que l'influence d'un gène dépendra souvent des autres gènes qui l'entourent et de l'environnement dans lequel il est plongé. Ces études ne veulent pas non plus dire que les humains auraient tous des valeurs morales différentes en fonction des gènes qu'ils possèdent. Des variations de gènes peuvent entraîner des variations dans les informations fournies à l'algorithme moral, plutôt que des variations dans l'algorithme lui-même. Nous y reviendrons. Retenons pour l'instant que bien que les études de jumeaux possèdent des limites[23], elles montrent que les gènes ont une certaine influence dans l'établissement de croyances morales*.

À vous !

Fermez les yeux et imaginez-vous en train de marcher au bord d'un précipice. Quelle émotion ressentez-vous ? Imaginez maintenant vous retrouver par accident nu devant des inconnus, ou perdre votre pantalon en public. Quelle émotion ressentez-vous ? Imaginez enfin que cela fait des

* Et tant que l'on parle de gènes, la psychopathie a des bases génétiques certaines et se caractérise par des jugements moraux atypiques, bien que ce ne soit pas un trouble encore très bien compris.

semaines que vous avez promis à votre voisin de lui rembourser l'argent qu'il vous a prêté, mais que vous ne l'avez toujours pas fait. Quelle émotion ressentez-vous ?

À quelques exceptions près, vous avez probablement répondu, dans cet ordre, la peur, la honte et la culpabilité. Autrement dit, vous avez ressenti des émotions différentes dans des situations différentes. Cette variation dans la réponse émotionnelle est intéressante quand on compare les hypothèses naturalistes et culturalistes parce que certaines théories culturalistes pourraient avoir du mal à expliquer pourquoi différentes émotions sont ressenties en réponse à la transgression de différentes normes. S'il est certain qu'on a tous déjà entendu dire un jour qu'il faut rembourser ses dettes, qu'il ne faut pas marcher au bord d'un précipice et qu'il ne faut pas se mettre nu devant des inconnus, il est beaucoup plus rare d'entendre que « si tu ne rembourses pas tes dettes tu dois ressentir de la culpabilité » ; « si tu marches au bord d'un précipice, tu dois ressentir de la peur » ; enfin, « le jour où tu te retrouves nu devant des inconnus, inutile de ressentir de la peur et de la culpabilité, mais si tu pouvais avoir un peu honte, ce serait pas mal ». Une autre façon de voir le problème est de se demander : si tous ces comportements constituent des transgressions de normes sociales, pourquoi ne ressent-on pas de la culpabilité à chaque transgression ? Pourquoi seul le non-remboursement des dettes fait-il ressentir de la culpabilité ?

Pour ceux qui pensent que les normes morales sont des normes sociales comme les autres, il devient difficile (bien que pas impossible, en complexifiant la théorie) d'expliquer pourquoi l'internalisation de ces normes fait ressentir des émotions différentes. Cette curiosité est au contraire plus facilement expliquée par ceux qui pensent que l'évolution est responsable de ces émotions. Marcher au bord d'un précipice, ne pas rembourser ses dettes et se retrouver nu devant des inconnus sont des « menaces » de nature différente et ont nécessité, au cours de l'évolution, des réponses émotionnelles adaptées, procurées par un précâblage.

Le précâblage fournit aussi une explication élégante à la quantité de règles morales que nous suivons et à leur sophistication. Nous avons déjà vu par exemple que la morale prenait en compte l'intentionnalité d'une action. Elle fait aussi la différence entre le tort causé par une action (noyer quelqu'un en lui tenant la tête sous l'eau, c'est très mal) et une omission d'action (laisser se noyer quelqu'un en s'abstenant de le sauver, c'est mal aussi, mais un peu moins). La morale prend encore en compte une quantité incroyable de paramètres et effectue de nombreuses distinctions *qui ne nous ont pourtant jamais été enseignées explicitement*. Comme le fait remarquer le psychologue Shaun Nichols :

« Ce sont des distinctions subtiles à acquérir, et il est probable que les enfants n'aient jamais reçu d'instruction à ce sujet. Peu de parents vont dire à leurs enfants : "C'est mal d'avoir l'intention de faire X, mais il est permis de laisser X se passer." Donc si nous devons expliquer les facilités des gens à faire des distinctions morales en termes de règles structurées, nous devons rendre compte de comment ils arrivent à de telles règles complexes malgré des instructions (explicites) rares. Les explications les plus proéminentes de la complexité des règles passent par des contributions innées[24]. »

Ces « contributions innées » sont une autre façon de désigner le précâblage. Si le faible nombre de règles que l'on nous inculque explicitement ne permet pas d'expliquer la sophistication de notre morale, un précâblage le peut.

Ceux qui pensent que la morale a des bases biologiques s'appuient aussi souvent sur des modèles mathématiques et informatiques qui montrent que l'évolution de comportements moraux par voie de sélection naturelle est en théorie possible. En simulant des scénarios d'évolution dans des ordinateurs, les chercheurs sont capables d'identifier les conditions dans lesquelles des comportements moraux sont favorisés et peuvent augmenter les chances de survie et de reproduction[25].

Enfin, évoquons deux autres types de données parfois utilisés pour justifier des origines biologiques de la morale, mais auxquels je ne souhaite pas faire appel. Ces données sont celles issues des neurosciences et de l'éthologie.

Côté éthologie, on pense souvent que les expériences cherchant de la morale chez les animaux non humains seraient un argument massue en faveur des théories naturalistes. Si elles en trouvent, effectivement. Certains chercheurs pensent que l'on a d'ores et déjà trouvé des comportements qui ressemblent fortement à de la morale – ou tout du moins de la « protomorale » – chez certains primates[26]. Je trouve personnellement ces déclarations exagérées, et je vous expliquerai pourquoi au chapitre 7 entièrement dédié à ce sujet. Pour l'heure, sachez en tout cas que je ne me servirai pas des expériences en éthologie pour soutenir l'hypothèse d'un sens moral évolué par sélection naturelle.

Côté neurosciences, plusieurs auteurs ont choisi d'aborder le sujet des liens entre biologie et morale en parlant des neurotransmetteurs, hormones et régions cérébrales impliqués dans la morale[27]. Quoi de plus normal, vous allez me dire ? N'est-ce pas le boulot des biologistes que de chercher les substrats biologiques des comportements ? Ne serait-ce pas la preuve ultime que la morale a des bases biologiques que de trouver des régions cérébrales impliquées dans la production de jugements moraux ? En effet, mais uniquement dans un sens très trivial. À moins que vous ne pensiez qu'il existe une âme distincte du corps qui commande nos actions, vous êtes obligé d'admettre que toute notre activité mentale, et *a fortiori* tous nos comportements, sont produits par notre cerveau. Même le plus hard-core des culturalistes, qui pense que la culture règne en maître et façonne les humains à sa guise tel un Rodin devant un tas de glaise, est obligé de reconnaître que la culture imprime ses règles dans un *cerveau*. Même si vous pensez que les gènes n'influent pas sur le *contenu* de la morale, c'est bien dans un cerveau, c'est-à-dire de la matière biologique, que les normes culturelles sont stockées. Autrement dit, même pour un comportement aussi culturel que « rouler à gauche de la route », on pourra retrouver des réseaux cérébraux qui s'activent quand on effectue cette action. Observer des zones du cerveau qui réagissent quand on produit un jugement moral n'est donc pas très intéressant. Cela ne veut pas dire que le cerveau humain est précâblé à la naissance pour produire ces jugements.

Les neurosciences peuvent quand même nous aider à progresser sur d'autres aspects, comme celui de savoir si certaines zones cérébrales sont *spécifiquement* dédiées à la morale. La recherche de telles « zones cérébrales de la morale » n'a jusqu'ici pas été très fructueuse. De nombreuses régions distribuées dans tout le cerveau s'activent lors d'un jugement et la plupart ne sont pas spécifiques à la morale. Certaines sont connues pour jouer un rôle dans la mémoire, les émotions, la capacité à comprendre les états mentaux des autres, ou le raisonnement causal[28]. Mais le fait que l'on n'ait pas trouvé de région *spécifiquement* dédiée à la production de jugements moraux ne remet pas en cause l'existence d'un sens moral. Des neurones distribués dans différentes régions non spécialisées pourraient tout aussi bien jouer le rôle de sens moral, et ce serait alors leur synchronisation temporelle (la façon dont ils s'activent ensemble au cours du temps) qui déciderait de la fonction cognitive qu'ils remplissent à un moment donné.

Les neurosciences restent aussi une bonne piqûre de rappel que tout jugement moral est le produit d'un cerveau, au cas où vous seriez tenté de réintroduire du surnaturel dans la morale. Il est ainsi possible de modifier vos jugements moraux en altérant le fonctionnement de certaines zones de votre cerveau. Par exemple, si j'inhibe avec un appareil adapté une zone appelée « jonction temporo-pariétale », située sur le côté droit de votre cerveau, vous deviendrez plus enclin à dire que blesser quelqu'un avec intention de lui nuire est acceptable, ou que blesser quelqu'un accidentellement est moralement condamnable[29]. De même, l'étude de psychopathes ou de personnes atteintes de lésions au cortex préfrontal ventromédian nous montre que des déficits émotionnels peuvent apparaître et affecter leurs jugements moraux (alors même que leurs capacités de raisonnement restent intactes)[30].

Résumons : derrière la variabilité apparente des jugements moraux tout autour du globe, on trouve des régularités ; les humains commencent à faire la différence entre des situations justes et injustes très tôt, à l'âge de quelques mois seulement ; les études de jumeaux nous apprennent que la génétique a son mot à dire dans l'explication des jugements moraux ; les humains font la différence entre des normes qui seraient de simples conventions et d'autres qui seraient spécifiquement morales ; la transgression de normes différentes nous fait ressentir des émotions différentes ; les modèles mathématiques et informatiques de biologie de l'évolution nous montrent que l'évolution de la morale par voie de sélection naturelle est possible.

Ajoutez à cela les caractéristiques d'automaticité, de rapidité et de caractère inconscient et vous avez plus ou moins la liste des données qui expliquent pourquoi beaucoup de chercheurs ont choisi l'hypothèse naturaliste comme cadre de travail. C'est un choix d'autant moins surprenant que le cadre naturaliste ne nie aucunement l'influence de la culture sur les jugements moraux. Toutes les théories naturalistes de la morale laissent une place importante à la culture[31]. Et à l'environnement de façon générale ! C'est une idée reçue malheureusement très répandue de croire que biologie = gènes = négation du rôle de l'environnement. Les biologistes ont toujours donné une grande importance à l'environnement, et pour cause, c'est un concept central dans la sélection naturelle. Quand un biologiste cherche à savoir si un comportement est adapté, il veut toujours savoir s'il est adapté *dans un environnement donné*. Un gène favorisé par la sélection naturelle est favorisé parce qu'il a été performant *dans un environnement donné*. Être adapté tout court ne veut pas dire grand-chose.

C'est d'ailleurs pour cela que ce chapitre s'intitule « Sommes-nous précâblés pour être moraux ? » et non « La morale est-elle innée ? ». Le mot « inné » renvoie en effet souvent à une caractéristique qui serait déjà figée et complètement développée à la naissance. « La morale est innée » laisse penser que si les bébés savaient parler, ils nous réciteraient la Déclaration universelle des droits de l'Homme entre deux biberons. « La morale est innée » laisse penser que la morale serait insensible à l'environnement et la culture dans lesquels un humain grandit.

L'hypothèse que j'ai commencé à vous présenter dans ce livre est beaucoup plus raisonnable. C'est celle selon laquelle le cerveau humain serait à la naissance déjà précâblé, préparé à produire des jugements moraux. De la même façon que notre cerveau est précâblé pour apprendre un langage, sans pour autant que les nourrissons sachent parler, notre cerveau serait précâblé pour produire des jugements moraux, sans pour autant qu'un bébé soit capable de produire toute la panoplie de jugements qu'un adulte est capable de fournir (et sans pour autant que ces jugements soient insensibles à la culture, comme un bébé précâblé pour apprendre un langage ne sait pas encore s'il parlera italien ou japonais).

C'est une conception de la morale très proche des philosophes du sens moral, et notamment de Shaftesbury qui affirmait que « la question n'est pas de savoir à quelle époque les idées [morales] sont entrées [...] mais si la constitution d'un homme est telle qu'ayant grandi et étant adulte à telle ou telle époque, l'idée d'un sens de l'ordre, d'une organisation et d'un Dieu finissent infailliblement, inévitablement et tôt ou tard par germer en lui[32] ». C'est également une position très proche de celle de Mencius, qui pensait que les êtres humains ont une constitution comprenant certaines *prédispositions* émotionnelles qui pointent déjà dans la direction du bien et par lesquelles les gens sont capables de devenir bons[33]. Si vous n'aimez pas le mot « inné », prenez-en un autre. Je propose « précâblé », mais ne vous gênez pas pour en utiliser un qui traduise mieux les idées que je vous ai exposées. Mencius suggérait « prédisposé » et Shaftesbury « connaturel », un mot aujourd'hui oublié mais assez approprié, qui signifie « conforme à la nature de ».

Les discussions sur l'inné ramènent généralement au débat sur la part d'inné et d'acquis dans les comportements, c'est-à-dire au débat sur l'influence respective de la génétique et de l'environnement, sur ce qui *cause* les comportements. Quand vous prenez la décision de ne pas voler le sac de votre voisine de train, quelle est la cause de cette décision ? Les courants électriques ayant parcouru vos neurones quelques centaines de millisecondes avant de prendre cette décision, certainement. Le relargage de neurotransmetteurs associés à ces courants, sans aucun doute. Les hormones qui baignent votre cerveau depuis quelques jours, favorisant la production de certains neurotransmetteurs, également. La façon dont vos neurones étaient reliés les uns aux autres à cet instant précis, tout autant. Connexions influencées par les expériences que vous avez vécues depuis que vous êtes né, les personnes que vous avez rencontrées, les livres que vous avez lus. Mais connexions aussi influencées par les hormones qui ont baigné votre cerveau depuis votre naissance, encore elles. Hormones et neurones contrôlés par des gènes. Gènes façonnés par des millions d'années d'évolution.

Quand vous répondez « bien sûr, pas de problème » à votre voisine de train, quand vous prenez une décision morale, tous ces niveaux d'explication rentrent en jeu simultanément. La réponse à votre voisine est déterminée par la façon dont est organisé le tas de matière que vous avez entre les deux oreilles à cet instant précis, mais cette organisation est elle-même le résultat d'années d'interaction avec une culture, une éducation, un environnement. Plus incroyable, parce que les gènes qui organisent votre cerveau n'ont pas été créés à votre naissance mais qu'ils vous viennent de vos parents, qui les tenaient eux-mêmes de leurs parents, etc., nous pouvons dire que *vos gènes ont construit d'autres cerveaux que le vôtre pendant des millions d'années*. L'organisation actuelle de votre cerveau est donc le résultat de millions d'années d'interaction entre une matière biologique et un environnement. Comme le disait le biophysicien Max Delbrück, « toute cellule transporte avec elle l'expérience d'un milliard d'années d'expérimentations par ses ancêtres. [...] Toute cellule représente plus un événement historique que physique[34] ».

Le neuro-endocrinologue Robert Sapolsky plaide dans le même sens, dans un livre entièrement dédié au décloisonnement de la pensée :

« Il est impossible de conclure qu'un comportement est causé par un gène, une hormone, ou un traumatisme d'enfance, parce qu'à la seconde même où vous invoquez un type d'explications, de fait vous les invoquez toutes. Il n'existe pas de catégories. Une explication "neurobiologique" ou "génétique" ou "environnementale" d'un comportement est juste un raccourci, un moyen pratique pour aborder temporairement la réalité multifactorielle depuis une perspective particulière[35]. »

La bonne nouvelle, c'est donc que vous n'êtes pas obligé de choisir entre naturalisme, culturalisme et rationalisme ! Si cette distinction se retrouve dans la littérature scientifique, elle n'existe pas dans le monde réel. Vous verrez que beaucoup de chercheurs ne s'en privent pas et font allègrement leur tambouille à partir de ces trois types d'explications.

Néanmoins, maintenant que j'ai déconstruit cette triple distinction, permettez-moi de la reconstruire tout de suite. Comme Sapolsky le fait remarquer ci-dessus, les catégories nous aident à penser et nous fournissent un angle d'attaque à un problème qui pourrait se révéler inabordable sinon. De plus, si les explications du comportement sont toujours multifactorielles, la question de la prépondérance de certains facteurs n'est pas dénuée de sens.

Imaginez que je vous demande de m'écrire un livre. Pour vous aider, je décide de vous offrir un support. Je peux vous donner un livre vierge, où vous pourrez laisser libre cours à votre imagination. Mais je peux aussi vous offrir un ouvrage où la table des matières est déjà écrite, ce qui vous forcerait à improviser sur des thèmes donnés. Je peux également vous faire cadeau d'un support où non seulement la table des matières est déjà écrite, mais le premier paragraphe de chaque chapitre également, ce qui restreindrait d'autant plus votre marge de manœuvre. Enfin, je peux vous offrir un livre entièrement rédigé, mais présentant des trous un peu partout dans le texte, vous laissant le soin de les compléter.

Il en va un peu de même pour le comportement. Pour un comportement donné, vous pouvez vous demander à quel point l'évolution a été bavarde, c'est-à-dire à quel point elle a prérempli le livre qui décrit ce comportement. En ce qui concerne la morale, les naturalistes ne sont pas tous d'accord – ce serait trop beau. Si tout le monde accorde un rôle aux gènes, il est plus débattu de savoir à quel point ces gènes contraignent réellement le comportement. À un extrême, certains pensent que les gènes ne font que coder pour des mécanismes généraux d'apprentissage qui permettent d'apprendre *n'importe quelle règle*, qu'elle soit morale ou non. Les gènes s'occuperaient aussi d'ouvrir et de fermer des « fenêtres développementales » pendant l'enfance, pendant lesquelles des règles pourraient être apprises. Cette hypothèse est très semblable à la métaphore du livre vierge et il n'est pas sûr qu'elle mérite encore le qualificatif d'hypothèse *naturaliste* : nous en avons déjà parlé, même le partisan du « tout-culturel » a besoin de supposer l'existence d'un substrat biologique pour permettre l'internalisation de normes, et ce substrat est forcément codé par des gènes.

D'autres naturalistes pensent qu'en plus de coder pour des mécanismes qui facilitent l'apprentissage de règles, les gènes codent pour des mécanismes qui facilitent l'apprentissage de règles *morales* spécifiquement[36]. L'humain aurait ainsi des facilités pour intégrer des normes ayant trait à la morale, aux torts que l'on peut causer aux autres par exemple, plutôt que des normes traitant de la façon dont il faut s'habiller pour être accepté en boîte de nuit. Cette vision se rapproche du scénario où l'évolution aurait déjà écrit la table des matières du grand livre des humains en imposant un chapitre sur « la façon de se comporter avec les autres ».

D'autres chercheurs suggèrent que l'évolution a non seulement imposé l'écriture d'un chapitre sur la morale, mais qu'elle a aussi commencé à écrire ce chapitre, de façon plus ou moins avancée. Certains pensent que le répertoire de comportements moralement acceptables est fourni par l'évolution, mais que *le moment précis* ou *dans quel contexte* un comportement particulier sera utilisé est décidé par l'éducation et l'environnement[37]. D'autres estiment que « les humains naissent équipés d'une éthique intuitive, d'une préparation à ressentir des flashs d'approbation ou de désapprobation envers certaines situations qui impliquent d'autres humains », et vont jusqu'à préciser ces situations : celles où des torts sont causés, où l'équité n'est pas respectée, où la loyauté, le respect de l'autorité ou la pureté physique et spirituelle sont menacés[38].

Enfin viennent ceux qui adoptent une vision plus algorithmique de la morale et pensent que les gènes ne codent pas pour des comportements ou des principes moraux, mais pour des algorithmes, des programmes cognitifs qui font des calculs. Dans cette perspective, l'environnement et la génétique contraignent tous les deux fortement la morale : les informations nécessaires pour faire les calculs viennent de l'environnement, mais l'algorithme est contraint génétiquement pour ne faire *qu'un certain type de calculs*. Cette façon de penser nous oblige à troquer la métaphore du livre prérempli pour celle du presse-agrume (oui, je viens de l'inventer) : si ce qui sort de votre presse-agrume dépend évidemment du fruit que vous mettez dedans (l'environnement), il n'en reste pas moins que votre presse-agrume ne sait faire qu'une seule chose (presser) et que cela contraint les propriétés de ce qui en ressort (tout sera liquide par exemple). Ainsi, une perspective naturaliste peut mener à penser que la génétique contraint fortement les jugements moraux (la génétique contraint l'algorithme à ne faire qu'une seule chose) tout en acceptant que l'environnement sera déterminant dans la production de ces mêmes jugements (l'environnement détermine les entrées de l'algorithme).

Ce qu'il faut retenir

Un ensemble de données venant de la génétique, de la psychologie, de l'anthropologie et de la biologie théorique font penser que l'humain pourrait déjà être à la naissance précâblé pour produire des jugements moraux. Cela ne veut pas dire que les bébés naissent avec une morale aussi développée que celle des adultes ni que l'environnement dans lequel ils grandissent n'a aucune influence sur leur morale. Cela veut simplement dire que l'évolution les a préparés à se préoccuper de morale. Préparés à quel point ? C'est une question encore très débattue.

3
NOUS NE SOMMES PAS TOUS DES BISOUNOURS

> *« – Qu'est-ce que tu appelles être d'une moralité douteuse ?*
> *– Douter de la morale des autres. »*
>
> MARGUERITE DURAS, *Hiroshima mon amour*, 1959

Au XIXe siècle, les Inuits enfermaient les membres de leur tribu devenus trop vieux dans des igloos puis s'en allaient, les laissant mourir de faim et de froid sur place[1]. Rassurez-vous, ce comportement est très localisé. En Amérique du Sud, les chasseurs-cueilleurs préfèrent se débarrasser des personnes âgées en se glissant silencieusement derrière elles pour leur asséner un bon coup de hache sur la tête[2]. À Madagascar, la tribu des Vezo respecte des tabous très étranges : elle s'interdit de pointer du doigt une baleine, s'interdit de s'arracher les poils du visage, s'interdit de jeter des carapaces de crabe la nuit, s'interdit de rire en mangeant du miel[3]. En Nouvelle-Guinée, la tribu des Etoro pense que les jeunes garçons ne peuvent devenir des hommes qu'en ingérant du sperme de leurs aînés. Leur cérémonie d'initiation consiste donc à faire une fellation à un adulte[4]. À quelques kilomètres de là, une autre tribu, les Kaluli, pense que pour que l'initiation soit valide, le sperme doit être délivré non pas dans la bouche, mais dans l'anus. Les Etoro trouvent les pratiques des Kaluli dégoûtantes.

Tous ces exemples (documentés) font penser que Montaigne n'avait peut-être pas si tort au final en déclarant que « chacun appelle barbarie ce qui n'est pas de son usage[5] ». Si nous nous sommes servis des relevés d'anthropologues pour essayer de dégager des régularités morales, c'est pourtant la variabilité qui saute aux yeux à première lecture. Dans ces ethnographies, la morale semble aussi changeante et aléatoire qu'un bulletin météorologique breton. Or, cette variabilité a l'air de remettre en cause de façon incontestable l'existence d'un sens moral évolué biologiquement, et donc universel. Elle constitue, je pense, l'une des raisons principales pour lesquelles tant de gens considèrent que la morale vient de la culture. Si les jugements moraux se forment par imprégnation de la culture, il est normal que des personnes de culture différente aient des jugements différents.

Cette variabilité semble en revanche moins bien s'accorder avec les hypothèses naturalistes. Comme le faisait remarquer un jour un commentaire laissé sous une de mes vidéos : « Si on a tous le même sens moral, pourquoi y a-t-il des loups et des bisounours ? J'ai beaucoup de mal à comprendre la méchanceté, si tu me dis qu'on a tous la même morale pourquoi y a-t-il de pires salauds ?? Ça n'a aucune logique, le monde devrait être rempli de bisounours. » C'est une bonne question. Pourquoi pas tous des bisounours ?

Un premier point important à préciser concerne ce que les naturalistes veulent dire quand ils avancent que la morale « a des bases génétiques ». Qu'est-ce qui a des bases génétiques exactement ? Les comportements ? Existe-t-il un gène (ou plusieurs) qui fait respecter le comportement « tu ne tueras point » ? Un autre gène qui fait respecter le comportement « tu ne mentiras point » ? Serait-ce les jugements moraux qui ont des bases génétiques ? Existe-t-il un gène qui nous fait *penser* que c'est mal de tuer, un gène qui nous fait *penser* que c'est mal de mentir ?

Rien de tout ça. La plupart du temps, ce qu'un naturaliste veut dire quand il avance que la morale a des bases génétiques, c'est qu'il existerait dans la tête des humains un algorithme spécialisé pour produire des jugements moraux et que cet algorithme est codé génétiquement.

Nous avons déjà évoqué la signification de ce mot « algorithme » et elle va maintenant prendre tout son sens. Rappelez-vous, l'algorithme, au sens où je l'entends, est un programme cognitif qui reçoit de l'information en entrée, fait des calculs sur cette information et rejette de l'information en sortie. Un peu comme la calculatrice vert pomme (plutôt laide) que vous aviez au collège et au lycée. Cette calculatrice reçoit des informations en entrée (les chiffres sur lesquels vous vous appuyez), fait des calculs sur cette information, puis vous fournit une réponse en sortie (le résultat du calcul). Votre balance de cuisine peut aussi être considérée comme un algorithme. Elle reçoit des informations en entrée : à quel point la résistance électrique d'un de ses constituants a changé suite à la pose d'un objet sur son plateau. Elle fait des calculs sur cette information, estimant la masse de l'objet posé à partir de ce changement de résistance. Enfin, elle affiche le résultat de ses calculs : la masse de l'objet posé. Ma définition de l'algorithme est donc très large, mais nous allons maintenant voir pourquoi cette vision algorithmique fait toute la différence pour expliquer la variabilité morale.

En premier lieu, penser que le sens moral est un algorithme cognitif universel n'oblige pas à penser que c'est le seul que nous ayons dans la tête ni le seul à diriger nos comportements. Nous avons d'autres sens dans la tête. Nous connaissons bien sûr les sens perceptifs, mais nous avons aussi parlé du sens des nombres, et il est fort probable que les humains soient équipés d'un grand nombre d'autres algorithmes qui leur permettent de protéger leur réputation, protéger leur famille, parler, mémoriser, ne pas mourir de faim, ne pas mourir de soif, trouver un ou une partenaire avec qui passer sa vie, etc.[6].

Notre cerveau doit donc des milliers de fois par jour composer avec les sorties de tous ces algorithmes pour choisir un comportement à adopter. À chaque instant, notre cerveau décide, étant donné l'environnement dans lequel il se trouve, quel comportement privilégier. La plupart du temps sans nous en informer bien sûr, ces décisions n'ont pas besoin d'être conscientes. Parfois, le choix est facile, car tous nos algorithmes mentaux recommandent la même chose. C'était le cas la dernière fois que vous avez eu très faim et que vous vouliez en même temps faire plaisir à vos invités ayant ramené un gâteau succulent : vous avez sorti des assiettes à dessert. Parfois, les sorties de nos algorithmes entrent en conflit les unes avec les autres. Ce fut le cas la dernière fois que vous avez eu très faim, mais que vous vouliez conserver la ligne pour la plage cet été.

On a parfois utilisé la métaphore du « parlement d'instincts » pour décrire ce qui se passe dans notre tête. Comme des députés qui donnent chacun leur avis mais qui ne peuvent au final adopter qu'une seule loi, différents instincts seraient en compétition dans notre tête pour déterminer un seul comportement. À chaque fois que vous avez un choix compliqué à faire dans la vie, que vous êtes face à un dilemme, c'est probablement que vous êtes partagé entre les avis différents de deux de vos algorithmes cognitifs.

Et lorsque le sens moral est l'un des algorithmes impliqués dans un tel conflit, cela donne un dilemme *moral*. Par exemple, dans la série *Breaking Bad*, le protagoniste Walt se retrouve avec un dangereux trafiquant de drogue, enchaîné dans sa cave. Il devient alors tiraillé entre la sortie de son sens moral, qui le supplie de ne pas l'éliminer, et la sortie de son instinct paternel, qui lui recommande de l'achever, car le trafiquant libéré irait tuer sa famille.

Dans quelles conditions la recommandation du sens moral sera-t-elle privilégiée par rapport à celle des autres algorithmes ? Aucune généralité n'est possible ici. Tout dépend du contexte. Par exemple, il est probable que de façon générale vous pensiez que voler et tuer est mal. Mais si un jour vous venez à mourir de faim, peut-être que vous vous autoriserez à voler un morceau de pain, n'en déplaise à votre sens moral. Cependant, dans le même temps, peut-être que vous continuerez à penser que tuer pour un morceau de pain « dépasse les limites ». La morale restera donc prioritaire sur l'action de « tuer », mais pas sur l'action de « voler ». Le contexte est très important pour hiérarchiser nos priorités. Encore une reconnaissance du rôle essentiel de l'environnement !

Quelle que soit la façon dont notre cerveau gère ces priorités, il ne faut donc pas penser que le sens moral sera *toujours* l'algorithme privilégié, que sa voix compte toujours plus au grand parlement des instincts. C'est une première raison pour laquelle nous pouvons observer tant de comportements immoraux sans que cela remette en cause l'existence d'un sens moral universel. Le sens moral n'est pas le seul algorithme que les humains ont dans la tête, il est en permanence en compétition avec d'autres algorithmes beaucoup plus égoïstes. Comme le disait Rousseau, « se préférer à tout est un penchant naturel à l'Homme, [...] pourtant le premier sentiment de la justice est inné dans le cœur humain[7] ». Ou comme le disait le penseur Pierre Kropotkine un peu plus récemment, dans son livre *L'entr'aide* à la graphie révélatrice :

« On nous objectera probablement que l'entr'aide, bien qu'étant un des facteurs de l'évolution, ne représente cependant qu'un seul aspect des rapports humains ; qu'à côté de ce courant, quelque puissant qu'il soit, il existe et a toujours existé l'autre courant – l'affirmation du « moi » de l'individu. [...] Il est évident qu'aucun exposé de l'évolution ne sera complet si l'on ne tient compte de ces deux courants dominants[8]. »

Une deuxième façon d'expliquer la variabilité morale passe par la prise en compte des informations sur lesquelles se fonde le sens moral pour produire ses jugements. Tout comme votre calculatrice ou votre balance de cuisine, le sens moral a besoin qu'on lui fournisse des entrées pour produire ses sorties. Si vous lui fournissez des entrées différentes, il est probable qu'il vous renvoie des sorties différentes. Votre calculatrice peut en témoigner : alors qu'elle ne sait faire qu'une seule chose (des opérations d'addition, de soustraction et de multiplication), en fonction des chiffres que vous lui donnez en entrée, elle produira un résultat très différent en sortie.

Cette dépendance des sorties aux informations d'entrée est une propriété intéressante pour expliquer la variabilité morale parce qu'il y a fort à parier que quelqu'un qui vit en France n'aura pas les mêmes informations sur le monde, ni les mêmes croyances qu'un habitant des États-Unis. Un riche n'aura pas les mêmes croyances qu'un pauvre. Un citoyen du XXIe siècle n'aura pas les mêmes croyances qu'un citoyen du XVe. Et un chasseur-cueilleur n'aura pas les mêmes croyances qu'un habitué des supermarchés. Toutes ces croyances et ces informations sur le monde, très dépendantes de la culture, de l'éducation, ou du niveau économique et social, peuvent influencer les jugements moraux sans pour autant – et c'est là le point important – que l'algorithme moral n'ait changé. Des variations de jugements moraux peuvent être dues à des variations de paramètres non moraux.

Prenons tout de suite un exemple pour éclaircir cette idée. Imaginons que la morale ait uniquement pour fonction d'aider les personnes qui n'ont pas eu de chance dans la vie. C'est bien sûr une vision simpliste, mais gardons cette simplicité pour l'exemple. Imaginons qu'à chaque fois que notre sens moral reçoit en entrée l'information qu'une personne n'a pas été chanceuse, il produit en sortie le jugement qu'il faut l'aider. Même en sachant cela, vous aurez toutes les peines du monde à prédire les jugements moraux d'un individu lambda. Il vous resterait en effet à déterminer à quel point cet individu pense que les autres n'ont pas eu de chance dans la vie, une information qui peut être très culturellement dépendante. Des enquêtes ont par exemple montré qu'en 2004, 60 % des habitants des États-Unis pensaient que les pauvres étaient paresseux[9]. Beaucoup d'États-Uniens pensent que si les pauvres sont pauvres, c'est parce qu'ils n'ont pas assez travaillé. En Europe, ce pourcentage tombe à 26 %. Seuls 26 % des Européens pensent que les pauvres sont paresseux : la plupart pensent que l'origine de leur pauvreté est à chercher du côté d'un manque de chance, de trajectoires de vie malheureuses. Cette croyance sur l'origine de la pauvreté, en partie culturelle, peut expliquer pourquoi États-Uniens et Européens n'ont pas la même attitude envers les pauvres (les Européens dépensaient dans les années 2000 en moyenne deux fois plus dans des programmes sociaux). Tous peuvent être d'accord pour aider ceux qui n'ont pas eu de chance dans la vie, c'est-à-dire qu'*ils peuvent tous avoir le même sens moral*, mais ils peuvent être en désaccord sur qui n'a pas eu de chance dans la vie, ce qui inversera leurs jugements.

Une étude menée en 2014 a comparé la propension d'États-Uniens et de Danois à soutenir les aides sociales, tout en essayant de voir s'il était possible de la modifier. Initialement, les habitants des États-Unis étaient plus opposés que les Danois aux dépenses sociales, et avaient 4,6 fois plus de chances d'associer des stéréotypes de « paresse » à un allocataire de telles aides. Puis, les chercheurs se sont amusés à changer la façon dont cet allocataire était décrit. Présenté comme une personne qui n'a jamais voulu travailler par manque de motivation, États-Uniens et Danois se sont mis à s'opposer aux aides sociales *exactement au même niveau*. Présenté comme un travailleur acharné ayant subi un accident du travail, les deux nationalités ont soutenu les aides sociales *exactement au même niveau*[10]. Et les auteurs de conclure :

« Malgré des décennies d'exposition à des cultures différentes et des institutions sociales différentes, deux lignes d'information ont suffi à rendre le soutien aux politiques sociales statistiquement le même entre un échantillon d'États-Uniens et de Scandinaves. »

Prenons un autre exemple : dans les années 1970-1980, les Français pouvaient fumer comme ils voulaient dans les lieux publics. Fumer était traité comme une préférence individuelle : nous acceptions que certaines personnes mettent le feu à des feuilles de tabac roulées dans leur bouche comme nous acceptions que d'autres se couvrent la tête d'un chapeau noir pour sortir dans la rue. En quelques années pourtant, la situation a complètement changé et le tabagisme dans les lieux publics a été fortement moralisé. On ne peut pourtant pas vraiment dire que la culture française ait drastiquement évolué entretemps. Ce qui a plutôt changé, ce sont les informations que l'on a obtenues et diffusées sur la dangerosité du tabagisme passif. L'algorithme moral dans notre tête n'a pas bougé, ce sont les informations qu'on lui a fournies qui ont été altérées.

Un dernier exemple, encore plus frappant peut-être : la variabilité des jugements moraux à l'intérieur d'une même personne et en l'espace de quelques secondes ! Peut-être avez-vous déjà voyagé dans un pays où vous vous êtes fait copieusement disputer parce que vous n'aviez pas laissé de pourboire. Il existe en effet des pays, comme les États-Unis, où il est important de laisser de l'argent aux serveurs, car ceux-ci n'ont qu'un tout petit salaire fixe et sont payés principalement au pourboire. Si vous n'avez pas connaissance de cette particularité, si vous pensez que les serveurs sont déjà bien payés, il est très compréhensible de ne rien donner. De l'extérieur, un États-Unien pourrait penser que les Français sont radins, qu'ils n'ont pas les mêmes valeurs que lui et – pourquoi pas – qu'ils sont immoraux. Cependant, la plupart des Français qui apprennent que les serveurs aux États-Unis ne sont payés qu'au pourboire comprennent qu'il est normal dans ce cas de leur laisser quelque chose. C'est à nouveau la marque d'un sens moral qui fonctionne en permanence et calcule un jugement moral *à la volée* à partir des informations disponibles.

Voilà donc déjà deux grandes façons d'expliquer la variabilité morale dans une perspective naturaliste :

- La morale est un algorithme qui a besoin d'informations sur le monde pour produire ses sorties. Ces informations peuvent varier d'une culture à l'autre ou d'une personne à l'autre. Les jugements moraux ne sont pas directement sortis d'un « catalogue de règles », une vision très culturaliste où la morale est affaire de normes internalisées, mais une vision aussi présente dans le naturalisme naïf qui postule l'encodage génétique de « principes » plutôt que d'algorithmes.
- La morale est un algorithme *parmi* d'autres : il n'est pas seul à décider du comportement.

Être naturaliste, ce n'est donc pas avoir une vision naïve de la nature humaine. Ce n'est pas penser que Rousseau avait raison et Hobbes tort, ni supposer que l'humain est toujours bon par nature. Être naturaliste, c'est reconnaître que l'humain est à la fois bon et égoïste, et que ces deux penchants peuvent avoir des bases génétiques. Si l'accusation de naïveté est souvent attribuée aux naturalistes, on peut tout aussi bien la distribuer à d'autres. C'est ce que fit Shaftesbury à Locke, lui reprochant de croire toutes les histoires qu'il entendait : « crédule M. Locke », prompt à croire toutes les histoires de barbares et d'Indiens de nations sauvages[11] ! Les philosophes ne sont pas tendres entre eux.

Un des objectifs de ce livre sera d'essayer de trouver le juste milieu entre naturalisme naïf et culturalisme naïf en ce qui concerne la morale et la nature humaine. C'est ce qu'essayait déjà de faire Kropotkine un siècle en arrière :

« Nous pouvons remarquer dès maintenant que la manière de voir de Huxley avait aussi peu de droits à être considérée comme une conclusion scientifique que la théorie contraire de Rousseau qui ne voyait dans la nature qu'amour, paix et harmonie, détruits par l'avènement de l'homme. Il suffit, en effet, d'une promenade en forêt, d'un regard jeté sur n'importe quelle société animale, ou même de la lecture de n'importe quel ouvrage sérieux traitant de la vie animale (d'Orbigny, Audubon, Le Vaillant, n'importe lequel), pour amener le naturaliste à tenir compte de la place qu'occupe la sociabilité dans la vie des animaux, pour l'empêcher, soit de ne voir dans la nature qu'un champ de carnage, soit de n'y découvrir que paix et harmonie. Si Rousseau a commis l'erreur de supprimer de sa conception la lutte "à bec et ongles", Huxley a commis l'erreur opposée ; mais ni l'optimisme de Rousseau ni le pessimisme de Huxley ne peuvent être acceptés comme une interprétation impartiale de la nature[12]. »

La vision algorithmique de la morale explique aussi pourquoi cela ne me dérange pas de supposer que la personne que je hais le plus au monde a le même sens moral que moi. Je ne dis pas que cette personne a les mêmes comportements moraux. Je ne dis pas non plus qu'elle a les mêmes jugements moraux. Je dis simplement qu'elle a le même *algorithme moral* que moi. Si cette personne a des comportements que je trouve répugnants, je ne peux pas rejeter l'hypothèse que son algorithme est simplement nourri d'informations différentes du mien, ou que ses recommandations sont ignorées car d'autres algorithmes plus égoïstes se sont imposés à ce moment précis dans son grand « parlement des instincts ».

Les anthropologues ont aussi de nombreux conseils à nous donner pour discuter de la variabilité culturelle des comportements. Premièrement, ils nous invitent à considérer que la variabilité réelle peut être moins grande que la variabilité observée. Cela veut dire que, dans une position d'observateur extérieur, il est très facile de considérer un comportement comme immoral *juste parce qu'on ne comprend pas son contexte*. En creusant un peu, on se rend compte que le comportement en question devient beaucoup moins immoral. Bronisław Malinowski, un des pères de l'anthropologie de terrain, nous rappelle que le but d'un ethnographe est de « réussir à comprendre le point de vue du natif, son rapport à la vie, de rendre compte de *sa* vision de *son* monde[13] » (les italiques sont de lui). Accuser les comportements des autres d'« immoralité » ne doit pas se faire à la va-vite. De nombreux anthropologues se sont rendu compte qu'en apprenant à mieux connaître les sociétés traditionnelles, leurs mœurs devenaient beaucoup moins étranges.

Dans les années 1930, l'ethnologue Raymond Firth a étudié les habitants de l'île de Tikopia, petit morceau de terre paradisiaque de cinq kilomètres carrés situé en Mélanésie[14]. Il raconte que son premier contact avec les autochtones n'a pas été facile, car ceux-ci n'arrêtaient pas d'essayer de lui extorquer des biens en jouant sur les ficelles de l'amitié :

« Ils me faisaient des cadeaux pour jouer sur mon sens de l'obligation. Ils m'attiraient dans leurs maisons par une hospitalité généreuse qu'il était difficile de refuser, puis étalaient leur pauvreté devant moi. Après un mois ou deux de ce manège, j'étais devenu irrité et lassé. »

Sur la base de ces premiers contacts, Firth en arrive même à la conclusion qu'« il n'existe pas de telle chose que l'amitié ou la gentillesse pour elle-même chez ces gens. Tout ce qu'ils faisaient pour moi semblait être dans l'attente d'un retour ». Firth se mit ensuite à réfléchir à ces comportements, et à se demander si les amitiés sont réellement désintéressées en Occident.

« Effectivement, pourquoi ces gens devraient me rendre plein de services à moi, un parfait inconnu, sans attendre de retour ? Pourquoi devraient-ils se satisfaire de me laisser décider ce que je veux leur donner en échange plutôt que me donner leur avis sur ce qu'ils veulent eux-mêmes ? Dans nos sociétés européennes, jusqu'où va le désintéressement ? À quel point utilisons-nous ce terme pour désigner ce qui n'est qu'un facteur impondérable dans une longue série d'obligations et de services rendus interconnectés ? Un Tikopian, comme n'importe qui, aidera une personne qui vient de tomber à se relever, lui amènera à boire et fera de nombreuses autres choses sans aucune mention de réciprocité. Mais de nombreux autres services demandant du temps ou des efforts seront considérés comme créant une obligation. »

Firth se mit donc à jouer le jeu de la réciprocité immédiate lui aussi, et à offrir tout de suite un cadeau d'une valeur similaire au service qui venait de lui être rendu – tels ces copains de bistrot qui insistent pour vous rendre la pareille immédiatement lorsque vous leur payez un coup à boire. L'anthropologue finit par revenir sur son jugement initial concernant l'inexistence d'une amitié réelle dans ce peuple :

« Quand l'obligation d'offrir un retour matériel était mise en lumière, elle n'inhibait plus le développement de l'amitié, mais le facilitait. »

Dans le cas des Inuits qui enfermaient leurs parents trop vieux dans des igloos[15], les anthropologues se sont rendu compte que les Inuits eux-mêmes, loin d'être des monstres, ne trouvaient pas cette situation facile à vivre. Ce moment compliqué s'accompagnait souvent de tristesse, mais tout le monde s'y résignait parce qu'une personne trop âgée dans ces climats pouvait mettre en danger la survie de l'ensemble du groupe. Les vieillards semblaient s'y résigner et demandaient parfois eux-mêmes la mort. L'anthropologue Edward Weyer raconte que « la mise à l'écart de quelqu'un d'âgé et d'infirme semble parfois, en effet, être plus de la volonté du condamné que de ceux qui lui sont dévoués et vont continuer à vivre[16] ». Dans un langage plus coloré, Kropotkine raconte :

« Quand un "sauvage" sent qu'il est un fardeau pour sa tribu ; quand chaque matin sa part de nourriture est autant de moins pour la bouche des enfants qui ne sont pas aussi stoïques que leurs pères et crient lorsqu'ils ont faim ; quand chaque jour il faut qu'il soit porté le long du rivage pierreux ou à travers la forêt vierge sur les épaules de gens plus jeunes (point de voitures de malades, point d'indigents pour les rouler en pays sauvage), il commence à répéter ce que les vieux paysans russes disent encore aujourd'hui : Tchoujôï vek zaiedàïou, porà na pokoï ! (je vis la vie des autres : il est temps de me retirer). [...] Mais les sauvages, en général, éprouvent tant de répugnance à ôter la vie autrement que dans un combat, qu'aucun d'eux ne veut prendre sur lui de répandre le sang humain. Ils ont recours alors à toutes sortes de stratagèmes, qui ont été très faussement interprétés. Dans la plupart des cas, ils abandonnent le vieillard dans les bois, après lui avoir donné plus que sa part de nourriture commune. Des expéditions arctiques ont fait de même quand elles ne pouvaient plus porter leurs camarades malades. "Vivez quelques jours de plus ! Peut-être arrivera-t-il quelque secours inattendu."[17] »

Il ajoute plus loin une remarque à notre attention :

« Lorsque nos savants occidentaux se trouvent en présence de ces faits, ils ne peuvent les comprendre. Cela leur paraît inconciliable avec un haut développement de la moralité dans la tribu, et ils préfèrent jeter un doute sur l'exactitude d'observations dignes de foi, au lieu d'essayer d'expliquer l'existence parallèle de deux séries de faits : à savoir une haute moralité dans la tribu, en même temps que l'abandon des parents et l'infanticide. »

Ne soyez donc pas comme ces « savants occidentaux » que fustige Kropotkine ! Essayez d'adopter le point de vue de l'autre pour comprendre comment ce qui vous paraît immoral peut en fait être, non pas forcément moral, mais en tout cas justifié par des conditions particulières que vous ignorez.

Les tribus d'Amérique du Sud qui se débarrassent de leurs personnes âgées à coups de hache sur la tête, anecdote racontée par l'anthropologue Christopher Boehm[18], ont également de « bonnes » raisons d'agir ainsi. Laisser ses anciens *mourir en paix* en Amérique du Sud signifierait en effet les laisser se faire dévorer vivants par des prédateurs, une alternative probablement moins souhaitable (les premiers concernés choisissent parfois aussi d'être enterrés vivants). C'est l'ignorance des contraintes et du contexte de vie de ces tribus qui nous fait souvent porter un regard sévère sur leurs comportements, sur leurs « usages incertains et bizarres fondés sur des causes locales qui nous sont inconnues », comme dirait Rousseau[19], sur ces usages rapportés par des voyageurs « qu'on ne peut pas supposer connaître assez les mystères et secrets des barbares, dont ils maîtrisent peu le langage », comme dirait Shaftesbury[20].

Notez que ces avertissements sur l'importance de la prise en compte du contexte et des croyances de vos interlocuteurs ne sont pas seulement valables pour de lointaines tribus ! Juger en ignorance des croyances est aussi ce qui pousse un États-Unien à condamner un Français qui ne laisse pas de pourboire.

Certains anthropologues nous avertissent aussi que la variabilité morale est moins grande qu'on ne le pense généralement parce qu'une partie des coutumes *bizarres* que l'on observe de l'extérieur ne relèvent pas du domaine de la morale. Les Vezo de Madagascar ont-ils une morale différente de la nôtre à cause de leur tabou qui leur interdit de pointer du doigt une baleine ? De l'extérieur, on pourrait penser que oui. Cependant, quand on demande aux premiers concernés s'il est vraiment si immoral que ça de désigner ces cétacés, la réponse est négative. Il s'agit plutôt de quelque chose qu'il ne faut pas faire parce que les ancêtres ont demandé de ne pas le faire[21]. Ces tabous ressemblent alors à ces superstitions bien de chez nous, qui font que certaines personnes s'interdisent de poser le pain à l'envers sur la table par exemple. Ce sont des superstitions étranges, certes, mais pas des superstitions morales. En tout cas, pas de quoi penser que la personne qui mange en face de vous a une morale complètement différente de la vôtre et qu'elle s'imagine déjà comment faire disparaître votre corps en mâchouillant sa tartine beurrée.

Ces tabous et croyances *bizarres* sont souvent acceptés non pas parce qu'ils ont été longtemps réfléchis, mais parce que l'on n'a pas de bonne raison de les mettre en doute. Par exemple, ils peuvent provenir de personnes en qui nous avons confiance : des proches, des institutions, « les ancêtres ». Comme le fait remarquer l'anthropologue Dan Sperber, « un grand nombre, peut-être la majorité des croyances humaines, procède non de la perception des objets de la croyance, mais de la communication à propos de ces objets[22] ». Nous acceptons souvent les commandements de personnes en qui nous avons confiance sans en comprendre la logique. Nous pouvons approuver un rite sans savoir pourquoi nous l'approuvons et sans le considérer comme particulièrement moral ou immoral.

Cependant, un niveau de complexité vient souvent s'ajouter à l'étude de ces mythes, tabous et superstitions. Parfois, lorsque tout le monde s'est mis d'accord pour respecter une règle amorale, braver cette règle devient immoral. Prenez le foot, cette coutume si intéressante anthropologiquement parlant : interdire de toucher le ballon avec la main n'a rien d'intrinsèquement moral ou immoral. En revanche, une fois que tout le monde s'est mis d'accord pour respecter cette règle, prendre le ballon à la main devient injuste. Si quelqu'un « fait main », la faute sera sifflée, et si l'arbitre ne la siffle pas, vous ressentirez ce sentiment d'injustice formidable que connaît bien tout supporter de l'équipe d'Irlande (ou d'Angleterre, pour les lecteurs plus âgés). Cela nous autorise-t-il à conclure que les footeux ont leur propre morale qui vénère les sphères de cuir et sacralise les membres supérieurs ? Une explication plus simple est que ces sportifs ont la même morale que tout le monde, mais qu'ils se sont mis d'accord sur certaines règles qui doivent être respectées. Le contenu de ces règles n'est pas affaire de morale, mais contrevenir à ces règles l'est.

La même interprétation est applicable à la conduite à droite ou à gauche de la route. Au départ, une simple convention : il n'y a rien d'intrinsèquement moral à décider de rouler d'un certain côté. Mais une fois que tout le monde s'est mis d'accord pour rouler à droite, si je croise une personne qui roule à gauche, je m'empresserais de la traiter de tous les noms – du moins en France, je ne vous recommande pas d'être aussi épidermique en Angleterre. Ce comportement met en effet des vies en danger. Il est donc à présent moralisé, alors qu'il n'avait rien à voir avec la morale au départ. De la même façon, en anthropologie, braver un tabou peut être moralisé non pas parce que ce tabou a un contenu moral en soi, mais parce qu'en le bravant, vous montrez que cela ne vous dérange pas d'attirer le mauvais œil des ancêtres sur le groupe[23].

Ces considérations permettent aussi de proposer une autre interprétation de la distinction souvent faite entre pays à la culture « collectiviste » et pays à la culture « individualiste ». Les premiers seraient censés beaucoup se préoccuper du groupe, et la frontière entre individu et groupe social y serait floue. Ils prôneraient des valeurs comme le partage, la solidarité et le sacrifice. Les seconds, au contraire, sont supposés plus centrés sur l'individu et la notion de collectif y serait moins forte. On y prônerait la liberté, l'autonomie, la débrouillardise. Peut-on dire que ces deux types de sociétés sont des preuves de l'existence de deux types de morale, de l'existence de « valeurs morales » différentes ?

Pour répondre à cette question, laissez-moi vous en poser quelques autres. Peut-on dire que les joueurs de foot ont une culture plus collectiviste que les joueurs de volley car ils se font souvent la passe, contrairement aux volleyeurs qui ne se font que trois passes au maximum ? Peut-on conclure de l'observation d'un match de foot et de volley que la psychologie de ces sportifs est fondamentalement différente ? Joueurs de foot et de volley ont-ils des valeurs fondamentalement différentes ?

Peut-être. Une autre possibilité est que les joueurs de foot et de volley ont tous la même psychologie, mais qu'ils ne sont pas soumis aux mêmes règles du jeu. Ils ne vont donc pas emprunter les mêmes chemins pour gagner et vont adopter des comportements différents pour atteindre leurs buts.

On pourrait appliquer le même raisonnement aux différences entre pays individualistes et collectivistes. Il est possible que les habitants de ces pays aient tous les mêmes valeurs, mais des motivations différentes, ou des « règles du jeu » différentes. Dans certains pays, pour des raisons historiques aussi bien qu'institutionnelles (et revoilà l'importance de l'environnement), réussir sa vie demande de passer beaucoup par les autres et de se montrer coopératif. Macroscopiquement, ces incitations à coopérer vont donner l'impression d'une « culture collectiviste ». Dans d'autres pays au contraire, on pourra réussir sa vie en passant moins par les autres. Ces incitations donneront de loin l'impression d'une culture individualiste.

De nombreuses études montrent qu'une partie de la variabilité psychologique qu'on attribue à des différences de culture peut en fait venir de différences de *contexte* ou de conditions de vie locales. Par exemple, dans une expérience publiée dans *Science* en 2014, des chercheurs ont comparé deux populations chinoises : les Chinois du Sud, qui basent leur subsistance sur la culture du riz, et les Chinois du Nord, chez qui on cultive le blé depuis des générations[24]. Vous ne le savez peut-être pas, mais la culture du riz demande beaucoup plus de travail que la culture du blé, au moins deux fois plus. Un couple isolé ne peut pas espérer nourrir ses enfants s'il cultive son lopin dans son coin. La coopération entre différentes familles et même différents villages est nécessaire pour cultiver efficacement le riz. On peut donc se demander si ce ne sont pas ces conditions locales qui ont rendu les familles interdépendantes, très attachées à la réciprocité et à l'évitement des conflits. L'hypothèse des chercheurs était simple : bien qu'ils habitent dans le même pays, avec les mêmes institutions et la même culture, les Chinois du Sud qui cultivent le riz seraient plus « collectivistes » que les Chinois du Nord.

C'est exactement ce qui a été trouvé. Contrairement à ce qu'on pourrait penser, la Chine qui cultive le riz et la Chine qui travaille le blé ont des cultures différentes (ce qui rend d'autant plus cocasse le double sens du mot « culture »). La « Chine du riz » possède la culture collectiviste traditionnellement associée aux pays asiatiques : une pensée dite « holistique » qui insiste sur l'interdépendance, des taux de divorce bas et des normes sociales strictes[25]. La « Chine du blé » ressemble plus à l'Occident : de l'individualisme, une pensée plus analytique et un taux de divorce plus élevé. Nous sommes ici dans un cas où il semblerait que l'écologie locale (les conditions de vie des habitants) détermine la psychologie, plus que la culture ou les institutions.

Vous rappelez-vous l'expérience dont nous avons parlé au chapitre 2, qui visait à tester la générosité de différentes sociétés traditionnelles à travers des dons d'argent ? Les résultats montraient que certaines sociétés très différentes font des dons très similaires, mais que les dons varient quand même du simple au double[26]. Des chercheurs se sont amusés à faire la même expérience mais *au sein d'une même société*. Ils ont montré que la variation de générosité entre différentes populations à l'intérieur d'une société était similaire à la variation de générosité entre différentes sociétés[27].

D'autres chercheurs ont montré qu'il est possible de faire se ressembler les psychologies d'étudiants californiens et de chasseurs-cueilleurs en plaçant les étudiants californiens dans un certain contexte. Vous savez peut-être que les chasseurs-cueilleurs ont tendance à partager de façon large les ressources imprévisibles comme le gibier, dont l'obtention dépend en grande partie de la chance. Les ressources plus prévisibles, comme les racines et les fruits qui ont du mal à s'échapper quand vous leur courez après, sont moins partagées[28]. Un partage généreux de la viande sert de stratégie de réduction des risques, en prévision des jours où la chasse n'aura pas été heureuse. On pourrait se dire que cette façon de partager est une particularité culturelle de ces chasseurs-cueilleurs : après tout, en Occident, chacun fait ses courses dans son coin et les garde pour soi. Mais mettez des étudiants californiens dans une simulation de réalité virtuelle où ils peuvent récolter de la nourriture, et ils se mettront à partager leur récolte avec les moins chanceux quand son abondance sera en grande partie due au hasard[29]. Quand le hasard influe moins et que la récolte dépend de l'effort, les étudiants californiens gardent pour eux ce qu'ils trouvent et se remettent à arborer une psychologie « individualiste ».

Toutes ces études nous montrent que les relations entre culture et psychologie humaine sont beaucoup plus compliquées qu'on ne le croit généralement (et je n'ai fait ici qu'effleurer le sujet). Peu de naturalistes nient l'influence de la culture sur les comportements. Il est en revanche beaucoup plus débattu de savoir si c'est la culture avec un grand C qui influence la psychologie (une culture qui serait *transmise* et diffusée par les humains et leurs institutions), ou une culture avec un plus petit c, parfois appelée « culture évoquée[30] », mais qui devrait peut-être s'appeler plus simplement « contexte », ou « conditions socioécologiques locales ».

Continuons de nous intéresser aux conseils d'anthropologues pour étudier la variabilité morale. Les anthropologues observent que, de l'extérieur, nous n'avons souvent accès qu'aux discours officiels d'un pays sans connaître l'avis réel de sa population. Il existe encore beaucoup de pays où le gouvernement au pouvoir promeut une idéologie officielle. Ce gouvernement aura tout intérêt à faire la promotion d'un certain type de morale, et en particulier la morale qui fait passer la nation avant l'individu. Cependant, lorsque des enquêteurs vont interroger la population sur le terrain, ils se rendent compte que celle-ci ne partage pas toujours l'avis de ses dirigeants[31].

Ainsi, après la répression des manifestations sur la place Tian'anmen en Chine en 1989, qui avait vu la mort de centaines de manifestants dénonçant la corruption, le Premier ministre de Singapour avait appelé à se méfier de l'importation des « valeurs occidentales » menaçant la cohésion sociale des pays asiatiques. Cela avait entraîné un débat sur l'existence de supposées « valeurs asiatiques » fondées sur l'harmonie sociale et le collectivisme, en opposition avec les « valeurs occidentales » fondées sur les droits de l'Homme universels.

Mais en affirmant cela, le Premier ministre de Singapour n'était-il pas simplement en train de défendre son propre pouvoir, se servant de supposées « valeurs asiatiques » à défendre comme d'un prétexte ? Ce fut l'avis du dissident sud-coréen Kim Dae-Jung, qui accusa son homologue de prêcher pour sa propre paroisse[32]. Après tout, on pourrait aussi se dire que le fait que des étudiants chinois se soient soulevés pour plus de démocratie indique que les valeurs asiatiques ne sont au final pas si éloignées des valeurs occidentales.

Plus récemment, les manifestations du « printemps arabe » au début des années 2010 ont pris le monde par surprise. Dans des pays que certains disaient « verrouillés », « incompatibles avec la démocratie », et parfois dirigés par des dictateurs depuis des dizaines d'années, des citoyens de tous âges se sont soudainement levés pour réclamer plus de justice et de démocratie[33]. Cela laisse penser que si ces peuples ne s'étaient pas rebellés jusqu'ici, ils n'en pensaient pas moins. Une étincelle, un contexte socioéconomique particulier peuvent faire basculer la balance en faveur de la défense ouverte d'un système plus démocratique. D'ailleurs, vous qui lisez ce texte avez probablement déjà été dans la même situation que ces peuples. Vous avez peut-être déjà voyagé dans un pays où la condition réservée aux femmes vous a révulsé ; ce n'est pas pour autant que vous êtes sorti manifester dans la rue. Vous aviez d'autres raisons de ne pas le faire. Tout ceci montre la difficulté d'inférer ce qui se passe dans la tête des gens en se fondant uniquement sur leur comportement.

La promotion de certaines valeurs par l'élite politique n'est pas non plus spécifique aux lointaines dictatures. Nous avons régulièrement en France des leaders politiques ou religieux qui n'hésitent pas à parler de l'existence de « valeurs judéo-chrétiennes » et soutiennent que « la morale repose sur le christianisme », déclarations avec lesquelles beaucoup ne sont pas d'accord. Nous y reviendrons, mais remarquons déjà que si certains pensent que morale et biologie forment un cocktail dangereux, le message de supposées bases morales universelles semble beaucoup plus optimiste que la division des humains en sous-groupes culturels ou religieux aux valeurs différentes.

Une autre façon d'expliquer la variabilité morale est de remarquer que le comportement humain, aussi sophistiqué soit-il, est souvent affaire de routines. Quand vous vous rendez à votre nouveau travail pour la première fois, vous allez devoir planifier votre trajet précautionneusement et faire très attention de ne pas oublier de tourner à droite après la boulangerie-qui-fait-des-bons-croissants sous peine de devoir faire deux kilomètres en plus. Les jours suivants, vous commencerez à relâcher votre attention et, très rapidement, vous irez au boulot sans même y penser, au point qu'il vous arrivera de prendre le chemin du travail un jour de congé où vous alliez simplement chercher des viennoiseries.

Il pourrait se passer la même chose pour les jugements moraux. Prenons un exemple qui devrait être familier à un lecteur du début du XXIe siècle : la souffrance animale résultant de l'alimentation humaine. Peut-être que la première fois que vous avez été confronté à ce problème, vous avez dû y réfléchir longuement. La force des habitudes et le fait que ce problème soit multifactoriel ont dû vous interpeller pendant un moment. Puis, après cette réflexion initiale, vous avez fait un choix. Quel qu'il soit, là n'est pas la question : vous avez décidé, ou non, de changer vos habitudes alimentaires. Maintenant, vous avez peut-être oublié les raisons précises pour lesquelles vous avez fait ce choix, vous n'avez plus en tête tous les paramètres. Cependant, votre jugement est resté le même. Vous avez mis en place une routine morale.

Le psychologue Nicolas Baumard propose l'expérience de pensée suivante. Imaginez-vous être un fervent adepte du tri sélectif et déménager dans un pays où il ne se pratique pas. Les premiers jours, vous allez sûrement trouver choquant le comportement des gens qui jettent tout dans le même sac, et vous vous sentirez coupable chaque fois que vous devrez jeter vous-même une boîte de cassoulet toulousain dans les déchets ménagers. Puis, petit à petit, vous n'y penserez plus et cesserez de moraliser la situation. Comme le dit Nicolas Baumard :

« Il semble donc que l'activation répétée de notre dispositif moral chaque fois que nous trions nos déchets ait produit une routine spécialisée qui ne s'active que pour cette classe de situations morales. Autrement dit, nous ne nous contentons pas de baser notre conduite sur un dispositif général habilité à traiter toutes les situations morales du point de vue du respect des intérêts de chacun. Il apparaît plutôt que nous générons, à partir d'un dispositif général, un ensemble de micro-dispositifs spécialisés pour un certain type de situations[34]. »

Néanmoins, votre famille qui viendra vous rendre visite ne se gênera pas pour vous faire remarquer le caractère problématique de votre comportement : elle verra de l'immoralité là où vous n'en voyez plus, parce que vous avez mis en place une routine morale.

Enfin, n'oublions pas l'explication peut-être la plus triviale pour justifier la variabilité des comportements moraux : la variabilité des psychologies humaines. L'exemple le plus emblématique est celui des psychopathes, caractérisés (entre autres) par des jugements moraux atypiques. Étant donné que la prévalence de la psychopathie dans la population générale est estimée à 1 à 2 %[35], il est légitime de se demander quel pourcentage des comportements immoraux que nous observons chaque jour est produit par ces psychologies atypiques. Plus intéressant encore, nous savons maintenant que la psychopathie n'est pas une affaire de tout ou rien, avec les psychopathes d'un côté, et les « normaux » de l'autre. Il existe un continuum entre les gens qui ne sont pas du tout psychopathes (plus précisément, ceux qui obtiennent un tout petit score aux tests que l'on a développés pour détecter la psychopathie) et les personnes classifiées comme « psychopathes potentiels »[36]. À nouveau, ces psychologies intermédiaires peuvent contribuer à expliquer la quantité de comportements immoraux auxquels nous sommes exposés, sans que cela remette en cause l'existence d'un sens moral universel.

J'espère avoir réussi à vous montrer que les gens qui postulent des bases biologiques à la morale sont loin d'en avoir une vision simpliste et peuvent en particulier rendre compte de sa variabilité. Il est vrai qu'historiquement, les chercheurs en psychologie évolutionnaire se sont beaucoup attachés à étudier ce qui *rassemble* les humains : leur programme de recherche initial visait à découvrir les « organes de l'esprit » présents chez tous les humains au même titre que les organes du corps. Mais ce n'est pas pour cela que les naturalistes nient la variabilité, et cette variabilité est maintenant de plus en plus étudiée par ces mêmes approches.

On rencontre parfois cette idée que l'humain serait trop compliqué pour pouvoir être décrit avec des lois générales. Que la variabilité humaine saperait à sa base toute entreprise de généralisation. Cette critique revient un peu à reprocher à Newton d'essayer de comprendre les lois générales qui gouvernent la chute des objets simplement parce que les objets peuvent tomber de manière différente. Si Newton s'était laissé décourager en observant qu'une pomme tombe en ligne droite, qu'une feuille tombe en zigzag et qu'un grain de pollen s'envole au loin, il n'aurait jamais pu déduire sa loi de la gravitation. C'est de la même manière qu'il faut considérer les chercheurs en biologie du comportement humain : comme des chercheurs de régularité derrière la variabilité, qui ne nient pas pour autant cette dernière. Rejeter l'origine biologique de la morale à cause de la variabilité des comportements moraux serait comme rejeter l'origine biologique du sens du goût à cause de la variabilité des goûts. Ce n'est pas parce qu'en Australie on aime manger de la levure salée, en Asie un fruit qui sent le fromage et en Bretagne du kouign-amann, que les habitants de toutes ces contrées exotiques ne partagent pas le même sens du goût universel qui leur permet de faire la différence entre salé, sucré, acide, amer et umami. Comme le dit la psychologue Leda Cosmides, « la diversité dans le monde naturel se résout en motifs quand le cadre conceptuel approprié est trouvé[37] ».

J'espère que vous êtes maintenant moins rebuté d'envisager une morale biologique universelle malgré tous les comportements « immoraux » que l'on observe de par le monde. Il est très tentant d'attribuer des différences de comportements à des différences de valeurs morales. Considérons qu'elles puissent aussi être causées par des différences d'informations, de croyances, de contextes et de motivations.

Ce qu'il faut retenir

Il est possible de concilier précâblage universel et variabilité morale. Les psychologues nous fournissent au moins deux façons de le faire : non seulement le sens moral est un algorithme parmi d'autres, mais il a besoin d'informations pour fonctionner, informations variables en fonction des cultures ou des individus au sein d'une même culture. La mise en place de routines morales et l'inévitable variabilité psychologique – pathologique ou non – peuvent également expliquer les comportements des autres qui nous dérangent. Les anthropologues fournissent enfin des raisons de se méfier de la variabilité morale et nous demandent de ne pas juger sans bien saisir le contexte, de distinguer les opinions des dirigeants de celles de leur peuple, et de ne pas confondre morale et simples tabous amoraux.

4
POURQUOI TU NE TUES PAS TON PETIT FRÈRE…

« Les "parents moyens" sont comme des gouvernements inintelligents qui se bornent à accumuler des lois, au mépris même des contradictions et de la confusion d'esprit croissante qui résulte de cette accumulation. »

JEAN PIAGET, *Le Jugement moral de l'enfant*, 1932

Le chapitre précédent sur la variabilité culturelle ne m'a pas permis de parler d'éducation ou de religion et je sens que mes lecteurs exigeants ne me le pardonneraient pas. Comme il nous reste beaucoup de choses à voir sur l'approche naturaliste, je ne m'attarderai pas trop sur ces sujets, mais nous pouvons quand même évoquer quelques raisons de penser que ces éléments ne sont pas aussi déterminants qu'on le croit généralement.

Commençons par l'éducation.

Certains pensent que leurs valeurs leur viennent de leurs parents et il est vrai que, parfois, les enfants partagent les jugements familiaux, notamment en matière de politique. Si vous êtes parent, vous ne comptez plus le nombre de fois où vous avez dû rappeler à vos enfants ce qu'il était bien de faire, et que décidément, non, mettre son petit frère dans la machine à laver ne fait pas partie des divertissements acceptables. Sauf votre respect, cela n'est néanmoins pas une raison suffisante pour supposer que vous avez été un guide moral lumineux pour votre progéniture.

Nous avons déjà parlé de la complexité des jugements moraux, qui permet de douter qu'ils soient tous *appris* – personne ne nous a jamais explicitement enseigné autant de règles et de subtilités. C'est également dans ce sens que va la citation de Jean Piaget qui ouvre ce chapitre. Les règles morales que nous enseignons de façon explicite à nos enfants entrent souvent en conflit les unes avec les autres. Par exemple, on peut faire du mal à quelqu'un en lui disant la vérité, si bien que la règle « mentir est mal » s'opposera souvent à la règle « ne fais pas de mal aux autres ». Comment nos enfants font-ils pour trancher dans ces cas ?

Nous avons aussi vu que les enfants savent faire la distinction entre des normes conventionnelles et des normes morales. Or il est très peu probable que cette distinction soit apprise ni même apprenable. Comment vous y prendriez-vous pour l'enseigner ? Par la punition ? Mais comme le dit le philosophe Richard Joyce :

« Administrez autant de raclées punitives que vous voulez à une intelligence généraliste ; à quel moment cette action seule lui apprend-elle l'idée d'une transgression morale[1] ? »

D'autres raisons peuvent expliquer pourquoi les enfants en viennent à partager la morale de leurs parents (quand ils la partagent ! Je pense que de nombreux lecteurs s'offusqueront de cette filiation). Tout d'abord, enfants et parents peuvent avoir des jugements semblables car ils partagent le même environnement et ont donc plus ou moins les mêmes informations sur le monde. L'algorithme moral travaille alors à partir des mêmes entrées, ce qui produit les mêmes sorties.

Deuxièmement, si les parents ont besoin de reprendre aussi souvent leurs enfants à un certain âge, de leur *apprendre* la morale, cela peut être parce que le sens moral n'est pas entièrement fonctionnel à la naissance. Puisqu'on ne naît pas entièrement moraux mais simplement précâblés pour le devenir, nos jugements sont amenés à se développer et s'affiner au cours du temps. Comme l'exprime Nicolas Baumard, « à mesure que les enfants comprennent mieux leur environnement et acquièrent de l'expérience sur le monde, ils produisent des jugements qui tiennent compte de paramètres plus subtils[2] ». Les jugements moraux des parents peuvent donc être plus fins que ceux de leurs enfants, ce qui les pousse à les reprendre sans cesse, sans que cela remette en cause l'idée d'un précâblage.

Ainsi, l'éducation peut servir à attirer l'attention des enfants sur des paramètres qu'ils n'avaient pas bien remarqués. En faisant réfléchir sur des scénarios concrets, les parents peuvent aider à déceler les torts et dommages qui se cachent derrière certaines situations*. Nos têtes blondes produiront ensuite leur propre jugement à partir de ces informations qu'on

* Le rationalisme revient par la petite porte : une réflexion peut nourrir un jugement moral ! Ce type de rationalisme est néanmoins compatible avec

leur aura fait remarquer[3]. Un exemple extrême est celui des parents inuits, qui font très souvent réfléchir leurs enfants à des problèmes moraux, en leur posant des questions parfois très crues.

À vous !

Les Inuits sont un peuple intéressant anthropologiquement parlant car ils n'ont été en contact avec les Occidentaux que très tardivement (milieu de vie oblige). Si vous voulez vous offrir une pause dans ce livre, cherchez sur Internet « Netsilik eskimo series », un reportage sur la vie de ce peuple tourné au début des années 1960, au moment où il s'apprêtait à abandonner son mode de vie nomade traditionnel pour de bon. Le documentaire est entièrement sans musique et sans voix off. Quatre heures de bruits de l'Arctique et de voix d'Esquimaux. Du véritable ASMR* pour chasseurs-cueilleurs.

L'anthropologue Jean Briggs a beaucoup étudié les Inuits et raconte les dialogues qu'elle a parfois entendus entre un parent et son enfant :

---

les théories naturalistes algorithmiques, qui postulent que les entrées du sens moral peuvent être très variées, y compris venir d'un raisonnement.

* Type de vidéos de relaxation populaires sur Internet, à base de bruits doux chuchotés à l'oreille.

« “Où est ton père [absent] ? De qui es-tu l'enfant ? Crois-tu vraiment que l'on puisse t'aimer ? Devrais-je t'adopter ? Devrais-je frapper ta méchante vieille mère ?” Parfois, le jeu consiste à tenter l'enfant à adopter des comportements dévalués : “Ne dis pas à ta sœur que tu as ce bonbon, c'est le dernier, mange-le entièrement.” [...] Un enfant à qui on demande “pourquoi est-ce que tu ne meurs pas pour que je puisse prendre ta chemise ?” peut commencer à valoriser plus cette chemise ; d'un autre côté, il peut donner davantage d'importance au don, parce qu'il est difficile de donner quelque chose que quelqu'un veut garder. Et quand il offrira la chemise ou un autre objet, le bénéficiaire donnera aussi de la valeur au cadeau parce qu'il saura que ce cadeau était difficile à faire. De même, l'enfant à qui on demande “pourquoi tu ne tues pas ton petit frère ?” pourrait aimer plus fortement, et valoriser plus l'amour, pour compenser le sentiment d'aversion qu'on lui a fait ressentir en même temps qu'un sentiment d'affection[4]. »

Tout comme aucune approche naturaliste ne nie l'influence de la culture sur les jugements moraux, aucune approche naturaliste ne nie l'influence de l'éducation. La question est plutôt de savoir dans quelle mesure cette éducation influe (toujours cette métaphore du livre prérempli) et à quel niveau l'éducation influe (au niveau des entrées de l'algorithme moral, au niveau de l'algorithme lui-même, ou au niveau de ses sorties). L'étude de l'influence de l'éducation sur les jugements moraux en est encore à ses débuts. Elle est portée par un champ de recherche dit de l'« apprentissage moral » qui n'a cessé de grandir depuis les années 2000 et s'appuie sur d'autres champs plus théoriques, comme l'inférence bayésienne ou l'apprentissage par renforcement[5].

Passons maintenant à la religion. « Il faut nécessairement croire en Dieu pour être moral. » C'est ce que croit plus de 90 % de la population en Égypte, en Indonésie, au Salvador ou au Nigeria (quelques exemples parmi beaucoup d'autres)[6]. En philosophie, le lien entre morale et Dieu est évoqué dans le dilemme d'Euthyphron de Platon. Qu'est-ce qui rend certaines actions morales et d'autres non ? Qui décide de ce qui est moral ? Certains répondront Dieu. Mais ces personnes se heurteront au problème de ses sautes d'humeur : si Dieu décide un jour de déclarer le meurtre de bébés innocents moral, sera-t-on obligé de l'accepter ? Dans le cas contraire, il serait préférable de penser que la morale est indépendante de l'avis de Dieu et qu'elle provient d'ailleurs, mais cela reviendrait à transformer Dieu en simple messager. Et si Dieu n'est qu'un messager, que penser des messagers de Dieu sur Terre ? Peut-on réellement leur faire confiance?

Tous ces problèmes sont bien sûr esquivés par le projet naturaliste dont le but est précisément de se passer de surnaturel pour expliquer la morale. Néanmoins, même en se passant de Dieu, les religions existent toujours et toutes parlent de morale*. La morale pourrait-elle donc venir des religions plutôt que de Dieu ? Qui plus est, les religions parlent de morale dans les mêmes termes. Elles insistent toutes sur la réciprocité par exemple, à travers ce qu'on appelle la « règle d'or[8] » : « tu aimeras ton prochain comme toi-même », dans l'Ancien Testament ; « ne blessez personne afin que personne ne puisse vous blesser », dans le dernier sermon du prophète ; « ce que vous ne voulez pas que les autres vous fassent, ne le

---

* En réalité, ceci est surtout vrai pour les religions actuelles[7].

faites pas aux autres », chez Confucius[9]. Ne serait-ce pas là la source universelle de la morale?

Malheureusement, comme dans le cas des expériences interculturelles, force est de constater que ces régularités s'accompagnent d'une variabilité énorme. Comme le fait remarquer la philosophe Patricia Churchland:

« Les protestants ne croient pas que Dieu interdise la contraception; les catholiques si, même si la contraception est largement pratiquée chez les catholiques. Les catholiques pensent que le pape ne peut pas se tromper lorsqu'il s'exprime en matière de morale ou de foi, transmettant les points de vue de Dieu par une relation spéciale; les protestants, les juifs et les musulmans n'y adhèrent pas. Les témoins de Jéhovah croient que Dieu interdit les transfusions de sang, les épiscopaliens sont à peu près sûrs que ce n'est pas le cas. Le Lévitique 25:44-46 nous assure que l'esclavage est tolérable, mais peu de chrétiens prennent cela au sérieux aujourd'hui[10]. »

Une analyse attentive des textes sacrés ne joue pas vraiment en faveur d'une origine religieuse de la morale. Un naturaliste supposant qu'un sens moral a évolué par sélection naturelle il y a des dizaines ou centaines de milliers d'années n'est bien sûr pas non plus emballé par cette idée: les religions, et en particulier les trois grands monothéismes, sont trop récentes pour expliquer la morale. Tous les exemples de comportements moraux dans des sociétés traditionnelles non soumises aux monothéismes s'opposent aussi à cette idée d'une morale forgée par les religions actuelles.

Mais d'où vient cette connexion forte entre morale et religion alors ? Pourquoi presque toutes les religions parlent-elles de morale ? Certains auteurs suggèrent que le lien est inversé[11] : ce ne serait pas les religions qui ont influencé notre morale, mais notre psychologie morale qui a influencé le contenu des religions. Parce que les humains sont équipés d'un sens moral depuis des dizaines de milliers d'années, ils trouveraient certaines propositions plus plaisantes que d'autres. Les religions reprenant des éléments de morale *naturellement plaisants* pour notre psychologie auraient donc été plus séduisantes que celles ne l'ayant pas fait, comme certaines religions polythéistes anciennes. C'est un peu comme si demain je créais une religion de l'adoration du chocolat : je suis quasiment certain de faire plus d'adeptes qu'avec la secte vénérant les épinards, parce que je m'appuierais sur des préférences évoluées par sélection naturelle pour séduire (le goût pour le gras et le sucré). De la même façon, il est possible que l'on retrouve des préceptes moraux dans quasiment toutes les religions aujourd'hui parce que ces préceptes ont été psychologiquement plaisants par le passé.

Évoquons enfin la question du langage. Les mots dont dispose un peuple vont-ils influer sur ce que ce peuple considère comme moral ? À quel point le langage contraint-il la morale ? Certains auteurs reprochent aux naturalistes l'utilisation de l'expression « sens moral » en anglais, alors qu'on ne trouve pas son équivalent dans d'autres langues, et que cette expression n'existait pas non plus en anglais avant que les philosophes écossais du XVIIIe siècle ne l'inventent[12]. Smith adressait déjà à Hutcheson un reproche similaire :

« Il est étrange que ce sentiment, que la Providence a sans aucun doute voulu être le principe fondamental de la nature humaine, ait été si peu remarqué jusqu'à présent, au point de ne pas avoir de nom dans aucun langage. L'expression "sens moral" est de formation très récente, et ne peut pas encore être considérée comme faisant partie de la langue anglaise[13]. »

Pire, certaines sociétés n'auraient non seulement pas de mot pour exprimer le concept de « sens moral », mais pourraient ne pas avoir non plus de traduction des mots « bien » et « mal ». Serait-ce un obstacle insurmontable à la recherche d'un sens moral universel ?

Uniquement si vous pensez que les Français ne peuvent pas faire la distinction entre leur belle-mère (la mère de leur conjoint, « *mother-in-law* » en anglais) et leur belle-mère (la nouvelle femme de leur père, « *stepmother* » en anglais), parce qu'ils n'ont pas de mot spécifique pour chacun de ces concepts. Uniquement encore si vous pensez que les Français sont incapables de comprendre qu'envier quelqu'un peut s'accompagner d'une motivation à s'améliorer soi-même ou d'une motivation à dénigrer l'autre, parce qu'ils n'ont pas de mot spécifique pour ces situations, contrairement aux Néerlandais et leur « *benijden* » et « *afgunst* »[14]. Uniquement enfin si vous pensez que les Français sont incapables de comprendre le concept de « joie ressentie devant le malheur d'un autre » parce qu'ils n'ont pas de mot pour décrire ce concept, contrairement à leurs voisins allemands et leur « *Schadenfreude* ». Comme le fait remarquer le philosophe américain Homer Simpson, confronté à cette particularité allemande :

« *Boy*, ces Allemands ont un mot pour tout[15]. »

La langue française aurait pu avoir des mots pour distinguer tous ces concepts. Pour diverses raisons, elle n'en a pas. Cela ne nous empêche tout de même pas de saisir leur sens.

Il n'y a donc pas nécessairement besoin qu'un mot désigne un concept pour pouvoir ressentir, comprendre et utiliser ce concept. Il n'existe aucune bonne raison *a priori* de trouver une correspondance parfaite entre la cognition humaine au sens large et le langage humain (une sous-partie de cette cognition). Il est d'ailleurs très débattu de savoir si le langage influence la cognition de façon générale, et à quel point. Un exemple connu du grand public est celui des Esquimaux qui auraient des *dizaines* de mots pour désigner la neige. On entend aussi parfois parler de langues au vocabulaire fourni pour désigner certaines nuances de couleurs et dont les habitants excelleraient à distinguer ces nuances. Ces exemples semblent tous exagérés, ou sont en tout cas très débattus[16]. Dans le domaine moral également, il semblerait qu'étudier le langage ne soit pas le meilleur moyen d'étudier la morale.

Nous arrivons au terme de notre exploration des relations entre environnement au sens large et morale. Dans les deux derniers chapitres, j'ai surtout voulu montrer qu'en matière de relation entre culture et psychologie, les choses sont beaucoup plus compliquées qu'on ne le croit. Il faut faire attention en particulier à ne pas tomber dans le travers inverse du naturalisme naïf : le culturalisme naïf, qui laisserait penser que notre pensée n'est qu'une affaire de normes internalisées. Vous allez sûrement me dire que les choses sont beaucoup moins claires dans votre tête maintenant que lorsque vous avez commencé ce livre. N'est-ce pas plus simple de penser que nos opinions sont issues d'une culture qui nous fait internaliser des règles que le cerveau absorbe sans broncher ?

Oui, c'est plus simple de penser cela. Malheureusement, cette simplicité ne s'accorde pas bien avec la complexité que l'on observe dans le cerveau. Notre matière grise est le siège d'autres opérations que l'internalisation de normes. Des algorithmes spécialisés existent. Ils traitent l'information d'une certaine manière. Ils travaillent sur des entrées pour produire leurs sorties. Ces entrées peuvent venir de l'extérieur (la perception) tout aussi bien que de l'intérieur (le raisonnement, ou d'autres algorithmes). L'information extérieure peut tout aussi bien être de la « culture » au sens courant, que des conditions écologiques locales, du contexte.

Si, quand nous observons des comportements différents dans des cultures différentes, nous avons tendance à en conclure que la culture a causé ces comportements, cela pourrait aussi être l'inverse. Il se pourrait que ce soit l'agrégation de comportements individuels qui produit ce qu'on appelle une « culture ». L'anthropologue Dan Sperber propose par exemple d'envisager l'étude de la culture comme une « épidémiologie des représentations »[17]. De la même manière qu'un épidémiologiste étudie des phénomènes globaux (la progression d'une épidémie dans le monde) à partir de processus locaux (la transmission d'un agent pathogène entre quelques individus), l'anthropologue peut étudier des phénomènes globaux (une culture) à partir de la transmission locale de représentations mentales. « L'esprit humain est susceptible de représentations culturelles comme le corps humain est susceptible de maladies » : tout le travail consiste alors à déterminer pourquoi certaines représentations se répandent plus que d'autres dans une population. La réponse à cette question se trouve partiellement dans l'étude des choses qui plaisent à notre cerveau. Le sens de la causalité entre psychologie et culture est donc une question délicate. Méfiez-vous des explications trop simplistes, qu'elles soient culturalistes ou naturalistes.

Ce qu'il faut retenir

Langage, éducation, religion et culture en général sont pris en compte dans l'étude naturaliste de la morale. Leurs influences sur la psychologie humaine sont néanmoins plus compliquées qu'on ne le croit, et les relations de cause à effet nécessitent d'être examinées au cas par cas et étayées avec soin.

5
À QUOI SERT LA MORALE ?

> *« L'altruisme est souvent un alibi. »*
>
> JEAN ROSTAND, *Pensées d'un biologiste*, 1939

Si vous avez un ordinateur ou un smartphone à portée de main, ouvrez votre navigateur préféré et lancez un moteur de recherche. Tapez « *is it fair to* » dans le champ de recherche (la traduction anglaise de « est-ce juste de »). Un menu déroulant devrait apparaître avec des suggestions. Ces suggestions correspondent aux requêtes les plus courantes que d'autres internautes ont faites avant vous.

Si vous avez la même chance que moi un soir de thèse et que vous lisez l'anglais (il n'y a malheureusement pas assez de données pour faire la même expérience en français), vous pouvez à présent vous délecter de certaines des suggestions :

- Est-ce juste de garder un oiseau en cage ?
- Est-ce juste de manger du chocolat ?
- Est-ce juste de garder un chien en appartement ?

- Est-ce juste d'avoir un enfant à l'âge de 40 ans ?
- Est-ce juste d'utiliser des cartes Pokémon légendaires ?

J'imagine que vous ne vous êtes vous-même jamais posé la plupart de ces questions. Certaines doivent même être incompréhensibles. Les plus jeunes d'entre vous ne doivent pas comprendre pourquoi certains se demandent s'il est juste d'avoir un enfant à l'âge de 40 ans, et les plus âgés doivent s'interroger sur cette histoire de Pokémon légendaire. Ces exemples montrent l'omniprésence de la morale dans nos vies, que ce soit dans des situations futiles (manger du chocolat*), ou dans des situations qui peuvent potentiellement changer notre vie (avoir un enfant à l'âge de 40 ans).

À vous !

Tapez « *is it fair to* » ou « *is it moral to* » dans un moteur de recherche. Observez la diversité des suggestions et essayez de comprendre à quoi fait référence chacune d'entre elles (vous pouvez ajouter des lettres à la phrase « *is it fair to* » pour avoir plus de propositions : « *is it fair to a* », « *is it fair to b* »).

L'omniprésence de la morale dans nos vies est intrigante. Pourquoi ? Parce que, comme nous le remarquions dès l'introduction, les comportements moraux vont à l'encontre de l'intérêt personnel. Quand vous achetez une tablette de chocolat

* Bon, ok, pas si futile que ça.

« commerce équitable » parce que vous pensez que c'est *bien*, vous êtes en train d'accepter *volontairement* de payer plus cher une tablette pour qu'un inconnu qui se trouve à l'autre bout du monde et que vous ne verrez jamais obtienne un peu plus de revenus. Autrement dit, à cause de cette chose que vous avez dans la tête et que vous appelez « morale », vous acceptez volontairement de diminuer vos ressources pour augmenter celles des autres.

La morale a ceci de particulier qu'elle semble nous faire adopter des comportements coûteux pour nous-mêmes, mais bénéfiques pour les autres. Les coûts et bénéfices sont à prendre au sens large, et incluent le temps et l'énergie en plus de l'argent. Quand vous vous abstenez de doubler dans la queue du supermarché, quand vous vous arrêtez sur le bord de la route pour aider quelqu'un en panne, vous payez un coût parce que vous gaspillez du temps. Même les petits coûts comptent.

Qu'on la mesure en temps, en énergie ou en argent, la morale est donc coûteuse. La prochaine fois que vous entendrez quelqu'un être encensé parce qu'il a fait quelque chose de moral, vous vous rendrez compte qu'on peut reformuler ça en disant qu'il aurait pu faire quelque chose de beaucoup plus égoïste, mais qu'il s'en est abstenu. C'est ce caractère non égoïste de la morale qui fascine les humains depuis longtemps. Mais pour un biologiste, ces comportements coûteux sont encore plus fascinants, parce que la théorie qui structure l'ensemble de la biologie et lui donne du sens (la théorie de l'évolution, pour le dernier rang qui ne suit pas) nous dit que les comportements coûteux ne devraient pas être sélectionnés, c'est-à-dire qu'ils ne devraient pas se répandre au fil des générations[1].

Le problème est facile à concevoir : les comportements coûteux font baisser les chances de survie et de reproduction. Au fil des générations, les gènes qui codent pour ces comportements* vont donc disparaître au profit d'autres, plus égoïstes. Les gènes sous-tendant l'algorithme moral ne sont jamais censés pouvoir se répandre. Darwin lui-même avait remarqué ce problème en 1871 :

« Les hommes les plus braves, les plus ardents à s'exposer aux premiers rangs de la mêlée, et qui risquent volontiers leur vie pour leurs semblables, doivent même, en moyenne, succomber en plus grande quantité que les autres[2]. »

Ou, comme l'a résumé encore plus succinctement le biologiste Edward Wilson, « les héros morts ne font pas d'enfants[3] ».

C'est sous cet angle des coûts et bénéfices que les biologistes abordent la question des origines de la morale. Les travaux sur le sujet ne sortent pas de nulle part mais s'inscrivent dans un champ de recherche très vaste en biologie, celui de l'étude de la coopération dans le monde vivant[4]. Depuis des dizaines d'années, les biologistes s'intéressent à la coopération intra-espèce, comme les comportements altruistes des abeilles et des fourmis, mais également à la coopération interespèce, comme chez les lichens, qui résultent de l'association d'un champignon et d'une algue. Si vous avez lu le best-seller *Le gène égoïste* de Richard Dawkins, vous avez déjà entendu parler du dilemme du prisonnier, de stratégie « *tit for tat* », des travaux de Trivers, de Hamilton, de Williams ou d'Axelrod[5]. Tous ces

---

* Plus précisément, les gènes qui codent pour les algorithmes qui produisent ces comportements. J'espère que vous aviez corrigé l'erreur de vous-même !

travaux sont des exemples d'étude de la coopération dans le monde vivant, démarrés il y a soixante ans maintenant.

Dans le cadre de ces travaux, comment expliquer l'existence d'une morale *coûteuse* chez l'humain ? Une façon de résoudre ce paradoxe serait de dire que la morale n'est peut-être pas si coûteuse que cela, parce qu'elle apporterait des bénéfices cachés[6]. Peut-être qu'elle n'est coûteuse qu'en apparence. Au final, si les bénéfices dépassent les coûts, le paradoxe disparaît de lui-même : la morale serait altruiste et désintéressée en apparence mais égoïste en réalité. Cynique ? Nous y reviendrons en fin de chapitre. Intéressons-nous d'abord de plus près à cette hypothèse qui a recueilli les faveurs de nombreux biologistes.

Si la morale apporte des bénéfices, quels sont-ils ? À l'heure où j'écris ces lignes, plusieurs hypothèses coexistent dans la littérature scientifique. Je vais donc toutes vous les présenter. Vous pourrez les comparer avec les hypothèses que vous aviez vous-même écrites sur votre bout de papier en démarrant ce livre. « À quoi sert la morale ? »*

* Petit rappel sur le finalisme : comme je vous l'indiquais en introduction, la morale n'est pas apparue *dans un certain but*. Elle est apparue par hasard et a procuré des bénéfices ensuite. De même, s'il est permis de dire que la sélection naturelle « façonne » le vivant, elle le fait sans intentions, de la même manière que l'érosion façonne les montagnes. Ce chapitre évolutionnaire sera chargé en telles façons de parler parfois ambiguës : par exemple, quand je dirai que la morale a évolué « pour » une certaine raison, le « pour » sera à comprendre dans un sens rétrospectif et non prospectif, dans le sens de « les avantages de survie que la morale a procurés au cours de l'évolution sont… ». Prenez-y garde, et pour ceux qui voudraient creuser la question de la pertinence du langage finaliste en biologie de l'évolution, je recommande cette vidéo : https://homofabulus.com/finalisme

Peut-être aviez-vous griffonné qu'elle sert à vivre ensemble, en société sans se taper dessus, ou à « assurer la survie de notre espèce » et faire en sorte qu'on ne s'entretue pas tous comme des voyageurs à Châtelet lorsqu'une seule rame sur trois roule (incident de voyageur en gare d'Antony). Cette hypothèse se retrouve plus ou moins dans le milieu universitaire sous la forme de ce qu'on appelle la « sélection de groupe culturelle ». Elle postule que les groupes humains possédant le plus d'individus moraux auraient dans le passé été plus coopératifs que les autres, leur permettant de remporter plus d'affrontements et donc de survivre plus facilement[7]. Cette idée était déjà présente chez Darwin, qui avait réfléchi à la question de l'origine de la morale dès 1871 :

« Si une tribu renferme beaucoup de membres qui possèdent à un haut degré l'esprit de patriotisme, de fidélité, d'obéissance, de courage et de sympathie, qui sont toujours prêts, par conséquent, à s'entr'aider et à se sacrifier pour le bien commun, elle doit évidemment l'emporter sur la plupart des autres tribus ; or c'est là ce qui constitue la sélection naturelle. De tout temps et dans le monde entier, des tribus en ont supplanté d'autres ; or, comme la morale est un des éléments importants de leur succès, le nombre des hommes chez lesquels son niveau s'élève tend partout à augmenter[8]. »

Il est important de noter que, dans sa version moderne, on parle de sélection de groupe *culturelle* et non pas de sélection de groupe tout court. La version moderne de la sélection de groupe postule que les comportements moraux se répandent par la culture et non par les gènes. C'est une nuance importante car les explications fondées sur la sélection de groupe non culturelle ont été rejetées dans les années 1960. On sait en effet maintenant qu'il n'est pas possible qu'un comportement puisse se répandre parce qu'il favorise la survie du groupe ou de l'espèce sans favoriser en même temps celle de l'individu[9]. Si on entend souvent dans les médias ou les réunions de famille que telle ou telle caractéristique a dû évoluer pour la survie de l'espèce, c'est une idée reçue, aucune caractéristique n'évolue pour la survie de l'espèce. Il s'agit d'un mythe que les biologistes ont du mal à faire disparaître. La raison de cette impossibilité n'est pas très dure à comprendre. Imaginez une espèce dans laquelle se trouve une caractéristique que l'on suspecte être là « pour assurer la survie de l'espèce ». Prenons par exemple le comportement d'un suricate (Timon dans *Le roi lion*) qui se met à pousser des cris quand il aperçoit un prédateur. En théorie, ce comportement est extrêmement coûteux, car par ses cris le suricate attire l'attention du prédateur sur lui. D'un autre côté, ce comportement permet d'avertir tout le groupe qui se met à l'abri. C'est bien là une preuve que ce cri a évolué pour la survie de l'espèce, non? Non. Car un jour, le hasard des mutations génétiques qui n'arrêtent pas de bombarder les génomes de nos suricates (comme de tous les êtres vivants) finira par créer un petit mammifère qui ne donne plus l'alerte. Ce suricate chafouin n'aura plus le ou les gènes qui le poussent à s'égosiller quand il aperçoit un prédateur. Que se passera-t-il ensuite ? Cet individu continuera à bénéficier de la protection du groupe, car ses copains continueront à pousser leurs petits « ourrh, ourrh » déroutants à la vue d'un aigle. Mais ce suricate ne paiera plus lui-même les coûts associés au fait de donner l'alerte. En d'autres termes, ce suricate mutant augmentera en moyenne ses chances de survie et de reproduction par rapport aux autres membres de son groupe. Et donc répandra mieux ses gènes… qui ne contiennent plus le ou les gènes qui donnent l'alerte. Au bout de plusieurs générations, notre population de petits mammifères mignons sera donc entièrement composée d'individus qui ne bronchent plus devant les mâchoires d'un coyote.

Si cette explication vous paraît trop théorique, pensez à tous ces exemples bien réels de comportements qui vont à l'encontre direct de l'intérêt de l'espèce. L'infanticide par exemple. Contrairement à ce que vous pensez sûrement, l'infanticide n'est pas rare dans le monde animal, et chez les mammifères sociaux en particulier[10]. Le meurtre des juvéniles touche des espèces variées, des primates aux écureuils aux félins aux ours en passant par les dauphins*[11] ! Et si les comportements évoluent pour le bien de l'espèce, comment expliquer tous ces infanticides au sein d'une espèce, alors même que les ressources ne manquent pas et qu'il n'y a pas de compétition pour la nourriture** ?

En biologie, un comportement coûteux pour un individu ne peut donc pas être expliqué parce qu'il « permet la survie de l'espèce » ou du groupe, et voilà pourquoi les biologistes ont rejeté le mécanisme évolutif de « sélection de groupe » depuis un moment déjà, bien qu'il s'amuse à resurgir de temps

* Allez donc m'arracher ce poster de dauphin-qui-saute-hors-de-l'eau que vous avez dans votre chambre et remplacez-le par un poster de Darwin.

** Répondre à cette question n'apporte rien à ma démonstration, mais les curieux voudront savoir et ils auront raison. Une des raisons principales est que l'infanticide réduit la période d'infertilité des femelles après un accouchement, ce qui permet aux mâles d'avoir plus d'opportunités de s'accoupler. Ce sont en effet surtout les mâles qui pratiquent l'infanticide dans la nature. Voir référence 11.

en temps sous une forme ou une autre[12]. Néanmoins, comme je vous le disais, le mécanisme qui nous intéresse en ce qui concerne l'évolution de la morale est la sélection de groupe *culturelle* (les comportements se propagent par la culture et non les gènes), ce qui change deux ou trois petites choses d'un point de vue théorique.

Un des points forts de ce mécanisme est de pouvoir expliquer pourquoi la morale d'un individu semble si souvent biaisée en faveur de son groupe. Pourquoi avons-nous tendance à considérer les comportements des habitants de contrées éloignées comme plus immoraux que les nôtres ? Pourquoi, lors d'un match de foot, les humains se révulsent contre les erreurs de l'arbitre qui les désavantagent mais passent sous silence celles en leur faveur ? Pourquoi le chauvinisme de façon générale ? La sélection de groupe culturelle peut expliquer tout cela facilement, car elle postule que ce chauvinisme est une des raisons d'être de la morale : favoriser ceux de notre groupe est précisément ce qui aurait permis, au cours de l'évolution, d'aider à remporter des compétitions contre d'autres populations.

Puisque la sélection de groupe culturelle postule que les comportements moraux sont transmis par imitation, elle aime s'appuyer sur les études qui montrent que les humains sont de bien meilleurs imitateurs que les grands singes. Comparés à ceux-ci, les humains ont tendance à beaucoup plus souvent copier les actions des autres, même celles qui ont l'air de n'avoir aucun sens ou qui leur demandent de désapprendre des comportements bénéfiques appris plus tôt[13].

D'un autre côté, la sélection de groupe culturelle a aussi des points faibles. Sur le plan théorique, cette hypothèse a besoin de conditions très particulières pour fonctionner (imitation très forte à l'intérieur des groupes, ou peu de migrations entre groupes…). Empiriquement, cette hypothèse est encore peu soutenue et fait des prédictions discutables sur les jugements moraux[14]. La sélection de groupe culturelle devrait en théorie prédire que la morale humaine est une « morale du sacrifice », puisqu'elle a évolué pour le bien du groupe. Un individu ne devrait avoir aucun problème à se sacrifier pour son groupe chaque fois que cela permettrait d'augmenter son bien-être ou sa survie. De nombreuses expériences montrent que ce n'est pas le cas et que la morale humaine est bien plus mesurée. Par exemple, on a demandé à des soldats américains s'ils accepteraient de dénoncer un membre de leur unité s'ils apprenaient que celui-ci a commis des violences envers des civils. Alors qu'on ne trouvera pas de groupes beaucoup plus soudés que des soldats à l'armée, plus de la moitié des soldats interrogés répondent qu'ils le dénonceraient effectivement[15]. Si la morale visait vraiment à défendre son groupe, ce pourcentage serait plus faible. Parfois, ce qu'il est moral de faire va précisément contre l'intérêt du groupe.

La sélection de groupe culturelle est une des premières grandes hypothèses sur les origines évolutionnaires de la morale. Une deuxième hypothèse consiste à penser qu'être moral apporterait le bénéfice de se faire choisir plus souvent comme partenaire, et comme partenaire de coopération en particulier[16]. Si vous pensez cela, vous ne pensez pas que la morale a évolué par sélection de groupe, mais par sélection individuelle : les bénéfices cachés de la morale sont directement engrangés par l'individu et non par son groupe. Ces approches mettent l'accent sur l'extrême importance de la coopération dans l'espèce humaine. Quand on observe la vie quotidienne de chasseurs-cueilleurs, la coopération y est omniprésente : ils coopèrent pour chasser, préparer les repas, élever les enfants, se défendre des prédateurs, construire des habitations, jouer à pierre-feuille-silex[17]… Et il est important de ne pas se faire bannir de toutes ces interactions coopératives sous peine de voir ses chances de survie diminuer drastiquement. L'hypothèse serait donc que même s'il est coûteux de se comporter de manière morale, ces coûts sont finalement compensés par les bénéfices de se faire choisir plus souvent comme partenaire de coopération. Non seulement posséder un sens moral permet de ne pas agir égoïstement et de se faire choisir par les autres, mais cela permet aussi de détecter ceux qui se comportent de façon égoïste et d'éviter d'interagir avec eux.

C'est sur cette famille d'explications, que l'on appelle les « explications de la réciprocité », que j'ai travaillé pendant ma thèse. On distingue parfois deux sortes de réciprocité : la directe[18] et l'indirecte[19]. La réciprocité directe est le fonctionnement du type « aide-moi et je t'aiderai ». Un acte moral est directement compensé par un acte moral dans l'autre sens. La réciprocité indirecte étend ce mécanisme à tout un groupe et ne se limite plus aux interactions deux à deux : ceux qui observent une personne se comporter de façon morale peuvent décider de coopérer avec elle sans même avoir jamais interagi avec elle auparavant. Les différences entre ces deux types de réciprocité font l'objet de nombreuses recherches, mais nous n'entrerons pas dans les détails. Je regrouperai sous le terme générique d'« explications de la réciprocité » toutes les explications partant du postulat que les bénéfices de la morale sont de se faire choisir plus souvent comme partenaire de coopération.

L'explication de la réciprocité était aussi déjà présente chez Darwin :

« Et d'abord, à mesure qu'augmentent la raison et la prévoyance des membres de la tribu, chacun apprend bientôt par expérience que, s'il aide ses semblables, ceux-ci l'aideront à leur tour. [...] Il est, d'ailleurs, une autre cause bien plus puissante encore pour stimuler le développement des vertus sociales, c'est l'approbation et le blâme de nos semblables[20]. »

Une variante de cette famille d'explications postule que la morale est apparue parce que ceux qui tentaient de prendre trop de pouvoir étaient immédiatement « ramenés dans le droit chemin ». Cette variante insiste sur l'importance de la moquerie et de la punition pour éviter les mauvais partenaires[21], mais le principe de base reste le même : les individus les plus moraux profitent de plus d'opportunités de coopération.

Retrouve-t-on chez les chasseurs-cueilleurs des traces de ce choix de partenaire de coopération, de ces moqueries d'individus qui prendraient trop de pouvoir ? Pour le savoir, plongeons à nouveau dans les ethnographies. Démarrons avec un récit épatant par la précision de ses détails, rapporté par l'anthropologue Colin Turnbull[22].

L'histoire concerne un dénommé Cephu, membre de la tribu pygmée des Mbuti. Alors que la plupart des chasseurs-cueilleurs se servent de projectiles pour chasser, les Mbuti utilisent de longs filets disposés en demi-cercle pour piéger du petit gibier. Les femmes et les enfants ratissent la forêt pour rabattre le gibier, qui sera ensuite achevé par les hommes à coups de lance. Les plus gros animaux sont ramenés au camp et partagés, mais comme les filets sont très longs et que la plupart des gibiers sont de petite taille, chaque homme, s'il s'occupe bien de son filet participant ainsi à l'effort commun, est généralement assuré d'avoir une part correcte de viande.

Cephu n'est pas un membre très apprécié de la tribu. Il est critiqué pour « la façon dont il construit son camp un peu à l'écart des autres, la façon dont il a même un jour décrit son camp comme une bande à part, la façon dont il traite ses proches, sa malhonnêteté générale, la saleté de son camp, et même ses petites manies personnelles ». Un jour de chasse, Cephu se montre particulièrement pénible. Il ne veut pas suivre le même trajet que tout le monde dans la forêt, fait du bruit pendant la battue, se préoccupe plus du filet des autres que du sien… Mais, pire que tout, ce jour-là… Cephu tricha. Turnbull raconte :

« Durant la dernière battue de la journée, Cephu, qui n'avait pas attrapé un seul animal, s'était éclipsé pour poser son filet en amont de celui des autres. Cela lui avait permis d'attraper les premiers animaux en fuite, mais il n'avait pas réussi à s'en aller avant d'être découvert. […] Je n'avais jamais entendu parler d'une telle chose auparavant, et c'était de toute évidence un délit sérieux. Dans une petite communauté de chasseurs très soudés, la survie n'est permise que par une coopération intense et un système élaboré d'obligations réciproques qui permet que chacun reçoive une partie des captures du jour. Certains jours, quelqu'un obtient plus que les autres, mais jamais personne n'a rien. Il y a souvent des querelles autour du partage du gibier, mais cela est normal, et personne n'essaie de prendre plus que ce qui lui est dû. »

De retour au camp, les chasseurs les plus téméraires ne se gênent pas pour dire ce qu'ils pensent de Cephu :

« Cephu est un imbécile vieux et faible. Non, plutôt, c'est un animal vieux et faible – on le traite comme un homme depuis assez longtemps, maintenant on devrait le traiter comme un animal. Animal ! »

L'anthropologue raconte l'ambiance pesante dans le groupe – personne ne parle, et un jeune chasseur « oublie » même de donner son siège à Cephu, alors qu'en temps normal il n'aurait pas eu besoin de demander –, comme quoi les problèmes de la vie dans la brousse ne sont pas si éloignés de ceux du métro parisien. « Les animaux restent par terre », oppose-t-on à Cephu. « Ekianga bondit sur ses pieds et brandit son poing velu au-dessus du feu. Il dit qu'il espère que Cephu tombe sur sa lance et se tue comme l'animal qu'il est. Qui d'autre qu'un animal volerait de la viande à une autre personne* ? »

Cephu finit par éclater en pleurs et essaie de se justifier. Il aurait perdu la trace des autres chasseurs dans la forêt. Il mérite une meilleure place à la chasse. N'est-il pas un homme important, le chef de son propre camp ?

Grave erreur qu'avait fait là Cephu. À ces mots, les autres lui répondent que s'il est un chef, il peut aller être un chef ailleurs, car les Mbuti n'ont pas de chefs**. Cephu se sait *défait et humilié*, car son camp de quatre ou cinq familles n'est pas suffisant pour chasser efficacement. Il change de stratégie et se confond en excuses, et propose de rendre toute la viande. Cette offre est acceptée et tout le groupe se dirige vers son

* Disant cela, Ekianga nous informe qu'il est aussi préoccupé que nous par la comparaison des cognitions humaine et animale.

** Vous reconnaissez là l'expression des tendances égalitaristes des chasseurs-cueilleurs dont nous avons déjà parlé.

camp où la viande est confisquée, y compris celle qui était déjà en train de cuire. Le soir, alors que tout le monde chante et s'agite autour du feu crépitant, des sanglots s'échappent du camp de Cephu. On l'entend qui se force à pleurer, se languit de sa situation et pousse des cris comme s'il était affamé. Les femmes se moquent en imitant ces gémissements plaintifs. Un proche du mal-aimé finit par lui apporter un reste de viande et les cris s'arrêtent. Quelques heures plus tard, Cephu est de retour autour du feu parmi les siens.

Une belle histoire où tout le monde se réconcilie à la fin, ça sent l'adaptation cinématographique française. D'un point de vue plus scientifique, remarquons comment un crime d'une grande importance a été résolu *simplement*, par une menace d'exclusion. Comme le résume Turnbull :

« Cephu avait commis ce qui est probablement un des crimes les plus odieux pour les Pygmées, et un crime qui arrive rarement. Et pourtant le problème a été résolu simplement et efficacement, sans qu'aucun système légal n'ait eu besoin d'intervenir. On ne peut pas dire que Cephu n'a pas été puni, car pendant ces quelques heures où personne ne lui a parlé il a dû souffrir l'équivalent de plusieurs jours de confinement solitaire pour la plupart d'entre nous. Qu'un jeune, même pas bon chasseur lui ait refusé son siège, que les femmes et les enfants se soient moqués de lui, que les hommes l'aient ignoré – aucune de ces choses ne sera oubliée facilement. Sans aucune contrainte légale formelle Cephu avait été remis fermement à sa place, et il était improbable qu'il s'y réessaie de sitôt. »

Ce témoignage semble donner du poids aux mécanismes évolutionnaires de « choix du partenaire », moqueries « anti-prise de grosse tête » et aux diverses menaces d'exclusion sociale sur lesquelles reposent les théories de la réciprocité. On peut néanmoins se demander à nouveau si cette anecdote est représentative. Des récits aussi détaillés sont rares, mais les mentions ethnographiques du choix de partenaire de coopération abondent. Chez les Esquimaux, même si les disputes se règlent parfois au combat au poing, l'évitement social est utilisé :

« Lorsque quelqu'un en vient à ne plus apprécier une personne ou un groupe de personnes dans le camp, il déplace souvent sa tente ou reconstruit son igloo à l'extrémité opposée du camp, ou bien change carrément de camp[23]. »

Même chose chez les Chenchu, un peuple d'Inde :

« La mobilité spatiale et la "résolution des disputes par évitement" permettent certes à un homme d'échapper aux situations sociales que son égoïsme ou son comportement agressif ont générées. Cependant, il ne peut compter sur cette stratégie plus d'un certain nombre de fois. En règle générale, il y a habituellement seulement deux ou trois groupes auxquels il peut se joindre. Un homme connu pour son comportement antisocial ou son tempérament difficile peut donc ne trouver aucun groupe disposé à l'accepter[24]. »

Chez les !Kung*, la modestie est très fortement encouragée. Un !Kung racontait ainsi à l'anthropologue Richard Lee :

« Imaginons qu'un homme soit allé à la chasse. Il ne doit pas revenir et annoncer comme un vantard, "j'en ai tué un gros

---

* Le ! n'est pas une coquille mais représente un son de « clic » faisant partie du langage des !Kung. Si vous n'avez jamais entendu ce langage, je vous conseille de poser ce livre tout de suite et de chercher une vidéo de « *click language* » sur Internet.

dans la brousse !". Il doit d'abord s'asseoir en silence jusqu'à ce que quelqu'un vienne à son feu et demande, "qu'as-tu vu aujourd'hui ?". Il répondra calmement, "Ah, je ne suis pas bon à la chasse. Je n'ai rien vu du tout… peut-être juste un tout petit". À ce moment, je souris en moi-même parce que je sais qu'il a tué quelque chose de gros[25]. »

Quelle modestie ! À côté de ça, moi dès que je réussis à remettre ma couette dans sa housse sans me faire aider, je le crie sur tous les toits.

De façon encore moins anecdotique, après un passage en revue des modes de vie de sociétés traditionnelles variées, l'anthropologue James Woodburn conclut :

« L'organisation sociale de ces sociétés a les caractéristiques suivantes : (1) les groupes sont flexibles et changent constamment de composition ; (2) les individus ont le choix d'avec qui s'associer pour vivre, chercher de la nourriture, échanger et pratiquer les rites ; (3) les gens ne sont pas dépendants d'autres personnes *spécifiques* pour leurs besoins de base. […] Dans toutes ces sociétés, les déplacements de personnes ne sont pas vus comme une nécessité pénible mais positivement comme quelque chose de sain et désirable en soi.[26] »

Enfin, Christopher Boehm abonde dans le même sens :

« L'indignation morale peut prendre un certain nombre de formes, la plupart d'entre elles sont assez uniformes d'un continent à l'autre chez ces chasseurs-cueilleurs. Les réactions vont de la réprimande modeste et de la critique acérée à l'ostracisme, le ridicule, le *shaming*, et l'exclusion pure et simple ; et en bout de ligne se trouve le redoutable spectre de l'exécution capitale[27]. »

Toujours selon Boehm, l'égalitarisme des chasseurs-cueilleurs est en partie dû à ces moqueries et ce contrôle social : même si le statut de chef peut parfois être temporairement accordé à quelqu'un, « on s'attend à ce que cette personne se comporte avec humilité, et son acceptation de diriger le groupe ne lui permet rien de plus que d'écouter attentivement l'opinion de tous les autres et aider gentiment à implémenter un consensus[28] ».

Au final, il semblerait que les mécanismes évolutionnaires postulés par les théories de la réciprocité soient bien supportés empiriquement. La structure sociale des chasseurs-cueilleurs, faite de familles qui se dispersent et s'assemblent en camps temporaires de dix à trente personnes, assure une vraie fluidité sociale et permet de choisir ses partenaires de coopération efficacement.

Nous avons donc déjà vu deux explications évolutionnaires de la morale : la sélection de groupe culturelle et les théories de la réciprocité. Il nous en reste encore deux à voir. Peut-être aviez-vous griffonné sur votre bout de papier que la morale n'est que l'extension d'autres capacités cognitives comme l'empathie (définie comme la capacité à comprendre et ressentir les émotions des autres), la sympathie, la colère ou le dégoût[29]. Si vous pensez cela, vous êtes assez proche de la position de – devinez qui… – Charles Darwin, qui décidément n'hésitait pas à manger à tous les râteliers de la morale. Darwin écrit en effet dans *La Filiation de l'Homme* que la morale résulte de la combinaison de ce qu'il appelle des « instincts sociaux » (qui seraient communs à beaucoup d'espèces animales) et d'une « capacité à réfléchir et évaluer les conséquences de nos actions », qui serait spécifiquement humaine :

« La proposition suivante me paraît avoir un haut degré de probabilité : un animal quel qu'il soit, doué d'instincts sociaux prononcés, comprenant au nombre de ces instincts l'affection des parents pour leurs enfants et celle des enfants pour leurs parents, acquerrait inévitablement un sens moral ou une conscience, aussitôt que ses facultés intellectuelles seraient autant développées, ou presque autant développées, que chez l'humain[30]. »

Frans de Waal, éthologue connu pour ses expériences sur les primates et auteur de nombreux livres à succès[31], n'hésite pas à parler de l'existence d'une protomorale chez les animaux. Pour lui aussi, la morale résulte d'une combinaison d'instincts sociaux primaires augmentés par des capacités humaines spécifiques comme le langage ou la culture. C'est aussi une position défendue en partie par Jonathan Haidt[32], qui la rapproche de ce qu'on appelle l'« éthique de la vertu » en philosophie. L'éthique de la vertu suppose qu'être moral, c'est avoir certaines « dispositions psychologiques », et être capable d'en faire usage au bon moment au bon endroit. Remplir ses devoirs de parent est avant tout permis par une capacité d'aimer ses enfants (la vertu d'aimer). Remplir ses devoirs d'ami est avant tout permis par un sentiment de sympathie envers ses amis (la vertu de sympathie). Et ainsi de suite.

Donnons le nom de « continuistes » à ces hypothèses qui établissent une continuité entre certaines émotions et la morale. Dans cette perspective, la morale n'est parfois plus considérée comme une réalité scientifique à expliquer, mais comme un terme fourre-tout qui rassemble pêle-mêle sous la même bannière des émotions, raisonnements et créations culturelles humaines diverses. Ces hypothèses ont le mérite d'être simples : elles ne font pas intervenir l'existence d'un sens moral à part entière, et se contentent de recycler des capacités cognitives préexistantes, additionnées de réflexion et de culture. Ce serait ces capacités cognitives qui permettraient de compenser les coûts de la morale. De plus, il est certain que l'on ressent souvent de l'empathie, de la colère ou du dégoût dans des situations immorales ; ces émotions semblent liées. Alors pourquoi s'embêter à postuler l'existence d'un sens moral à part entière quand on a déjà tant d'autres capacités cognitives qui ont l'air de faire le travail tout aussi bien ?

Parce que l'hypothèse continuiste est peut-être aussi trop simple et que sa simplicité nous empêche d'expliquer certaines caractéristiques importantes de la morale. Par exemple, toutes les émotions suscitées (empathie, sympathie, colère, dégoût...) ne semblent pas être des émotions *spécifiquement* morales. Si un jour vous me voyez être poignardé dans la rue, vous allez – je l'espère – ressentir de l'empathie pour moi *et* trouver la situation immorale. Mais si vous m'observez me couper le doigt en ouvrant des huîtres, vous allez ressentir de l'empathie sans pour autant juger que la situation est immorale. Si la morale se résume à de l'empathie, comment expliquer qu'il existe des situations dans lesquelles empathie et morale sont couplées, et d'autres dans lesquelles elles sont découplées ? On pourrait même aller plus loin, en faisant remarquer que les tortionnaires les plus efficaces sont les plus empathiques ! Quel meilleur moyen de faire souffrir quelqu'un que de comprendre ce qui lui fait mal ? Appuyer là où ça fait mal nécessite de savoir ce qui fait mal, d'avoir de l'empathie. L'empathie n'est pas *automatiquement* liée au bien.

On pourrait tenir le même raisonnement pour le dégoût. S'il est possible d'éprouver du dégoût dans une situation immorale, il existe aussi beaucoup de situations dans lesquelles du dégoût ne s'accompagne pas de jugements moraux, comme quand vous croquez dans une pomme pourrie. Il en est de même de l'amour pour ses enfants. Le népotisme, qui consiste à favoriser ses enfants aux dépens de tiers, est souvent considéré comme immoral. L'amour parental ne semble donc pas pouvoir être la base de la morale, pas plus que l'amour de façon générale comme le faisait remarquer Kropotkine :

« Ce n'est pas l'amour de mon voisin – que souvent je ne connais pas du tout – qui me pousse à saisir un seau d'eau et à m'élancer vers sa demeure en flammes ; c'est un sentiment bien plus large, quoique plus vague : un instinct de solidarité et de sociabilité humaine[33]. »

Il en est de même pour la sympathie. Donnons cette fois la parole à Adam Smith, qui rappelle que l'on peut se sentir des devoirs envers sa hiérarchie sans pour autant avoir la moindre sympathie pour elle :

« Le soldat qui donne sa vie pour sauver celle de son officier ne serait peut-être que peu affecté par la mort de cet officier si elle se produisait sans la moindre faute de sa part[34]. »

Même chose pour la réputation. On pense parfois qu'être moral ne serait qu'un moyen détourné de se faire une bonne réputation, pourtant il arrive que l'action morale ait les effets inverses. Un exemple particulièrement frappant est celui de Günter Grass, prix Nobel de littérature, qui a caché pendant cinquante ans son service dans la Waffen SS pendant la Seconde Guerre mondiale. Alors que rien ne l'y obligeait, il finit par révéler son secret en 2006 et détruit complètement sa réputation au passage.

Idem pour la honte. La honte et la culpabilité morale sont des émotions qui vont souvent de pair, mais il est possible d'avoir honte sans ressentir de culpabilité : quand vous perdez votre pantalon en public par exemple. Honte et culpabilité sont bien deux émotions distinctes, et la honte coupable n'est que l'intersection des deux.

Je m'arrête ici. Donnez-moi n'importe quelle émotion (à part la culpabilité) et je vous montrerai que cette émotion n'a rien d'*intrinsèquement* moral. Si empathie, sympathie et amour corrèlent souvent positivement avec la morale, cette corrélation n'est pas systématique et elle est même parfois négative. Tout se passe donc comme s'il existait quelque chose dans notre tête qui décide si une situation empathique est morale ou non, si une situation dégoûtante est morale ou non, si une situation honteuse est morale ou non. Et cette chose dans notre tête, quel autre nom lui donner que « sens moral » ?

Accordons sur ce sujet le dernier mot à Kant, qui nous rappelle que nombre de qualités valorisées comme l'intelligence ou le courage peuvent être utilisées pour faire le mal :

« L'intelligence, la finesse, la faculté de juger, et les autres talents de l'esprit, de quelques noms qu'on les désigne, ou bien le courage, la décision, la persévérance dans les desseins [...] sont sans aucun doute à bien des égards choses bonnes et désirables ; mais ces dons de la nature peuvent devenir aussi extrêmement mauvais et funestes si la volonté qui doit en faire usage [...] n'est point bonne[35]. »

Passons à la dernière hypothèse sur les origines de la morale. Peut-être pensez-vous que la morale, telle que nous la connaissons aujourd'hui, n'a aucun bénéfice caché et qu'elle serait réellement altruiste et désintéressée. Comment expliquer son émergence alors ? En postulant qu'elle a eu des bénéfices dans le passé. Vous pourriez faire remarquer que les groupes de chasseurs-cueilleurs dans lesquels les humains ont vécu pendant très longtemps avaient probablement une composition différente des groupes d'humains dans lesquels nous vivons aujourd'hui. En particulier, la similarité génétique entre individus devait être plus forte, puisque les familles restaient souvent vivre ensemble[36]. Or il existe un mécanisme très puissant qui permet d'expliquer l'apparition de comportements altruistes dans des situations de similarité génétique : la sélection de parentèle[37]. Quand vous êtes altruiste avec vos proches, cela entraîne effectivement un coût pour vous, mais puisque vos proches partagent certains de vos gènes, vous favorisez la propagation de vos propres gènes en les aidant. Les comportements moraux pourraient donc être un des moyens qu'ont trouvé vos gènes pour favoriser la réplication de copies d'eux-mêmes, mais de copies qui se trouvent… dans d'autres corps que le vôtre (dans les corps de votre famille)* !

Selon cette dernière hypothèse, le sens moral aurait donc évolué dans des temps lointains où les groupes humains étaient très apparentés. À cette époque, la morale n'était pas coûteuse puisqu'elle aidait à la propagation des gènes dans les corps de proches. Et bien qu'aujourd'hui notre environnement social ait changé et qu'on ne vive plus en petits groupes mais dans de

---

* Je ne m'étends pas là-dessus, mais si ces phrases vous intriguent, je vous recommande la lecture du *Gène égoïste* de Dawkins. D'ailleurs je vous recommande sa lecture même si ces phrases ne vous intriguent pas.

grandes mégalopoles, on continuerait à se comporter comme si nous étions toujours dans cet environnement ancestral, parce que notre psychologie évoluée change moins vite que notre environnement. La faible vitesse d'évolution de notre psychologie par rapport à la rapidité des changements de notre environnement pourrait aussi expliquer, dans un autre domaine, pourquoi beaucoup d'humains continuent à manger très gras et sucré alors que les conséquences de ce comportement sur la santé sont aujourd'hui souvent néfastes (obésité, diabète, etc.). Notre sens du goût n'est pas adapté à un environnement où des nounours chocolat-guimauve se trouvent toujours à moins de quelques kilomètres du domicile, mais à un environnement ancien où l'abondance énergétique n'était pas de mise.

En résumé, pour certains chercheurs, la morale serait bien coûteuse aujourd'hui, mais elle ne l'aurait pas été pendant une grande partie de notre histoire évolutive. Ce mécanisme de sélection de parentèle est un mécanisme très puissant pour expliquer les comportements altruistes dans beaucoup d'espèces, comme chez les fourmis ou les abeilles. Ses bases théoriques sont très solides. En ce qui concerne la morale, ses bases empiriques sont moins bonnes. Si on a cru jusque dans les années 1960 que les chasseurs-cueilleurs vivaient dans des bandes principalement constituées de proches, ce n'est plus le cas aujourd'hui. Dans une analyse de trente-deux sociétés de chasseurs-cueilleurs, l'anthropologue Kim Hill et ses collaborateurs montrent que la famille proche ne représente que moins de 10 % d'un groupe pour un individu donné[38]. Dans ces conditions, il est très peu probable que la sélection de parentèle puisse s'exercer.

Voilà donc les principales hypothèses sur les origines évolutionnaires de la morale*.

Soufflons un instant et résumons ce qu'on a vu jusqu'à présent. Parmi les chercheurs qui étudient la morale, il y en a certains qui, devant la masse de données que je vous ai présentée au chapitre 2, pensent qu'un sens moral a évolué par voie de sélection naturelle. Mais sitôt cette hypothèse formulée, ces chercheurs sont confrontés au problème d'expliquer comment cela est possible, étant donné que la morale mène si souvent à des comportements coûteux. Là, les avis divergent. Certains pensent que les coûts de la morale sont compensés par les bénéfices de survivre plus facilement dans la compétition avec d'autres groupes moins moraux – c'est ce qu'on appelle la « sélection de groupe culturelle ». Certains pensent que les coûts de la morale sont compensés par les bénéfices d'être plus souvent choisi comme partenaire de coopération et de moins souvent interagir avec des individus égoïstes – c'est ce qu'on appelle les « explications de la réciprocité ». D'autres pensent que la morale n'a pas de bénéfice en soi mais que les facultés cognitives sur lesquelles elle se fonde – empathie, colère, dégoût, etc. – sont suffisamment bénéfiques pour compenser ses coûts : ce sont les théories continuistes. Enfin, certains pensent que la morale n'est pas bénéfique aujourd'hui, mais qu'elle l'a été dans le passé quand les humains vivaient en petits groupes où l'apparentement était fort. C'est la sélection de parentèle.

Comme pour la distinction naturalisme/culturalisme/rationalisme, sachez que vous n'êtes pas obligé de vous ranger

* Si vous en aviez imaginé d'autres, n'hésitez pas à les communiquer à cette adresse, je suis curieux de les connaître : https://homofabulus.com/morale.

exclusivement dans une catégorie. De nombreux auteurs n'hésitent pas à mélanger ces mécanismes. Darwin semble être le champion toutes catégories, puisqu'il mélange allègrement sélection de groupe, réciprocité et continuisme. Mais d'autres auteurs plus récents piochent également dans ces différents mécanismes. De l'extérieur, vous pourriez avoir l'impression que c'est la chose la plus raisonnable à faire. Pourquoi choisir après tout ? Le monde est compliqué, les explications doivent bien l'être aussi. En effet. Mais il faut également faire attention à ce que chaque complication de votre théorie permette vraiment d'expliquer de nouvelles choses qui n'étaient pas explicables jusqu'ici. Autrement, votre théorie devient moins convaincante. Une bonne partie des débats actuels revient donc à déterminer dans quelle mesure chaque théorie peut expliquer certaines des caractéristiques de la morale.

Comment départager ces hypothèses évolutionnaires ? Nous avons déjà vu plusieurs façons de le faire. La première consiste à vérifier sur le terrain qu'un mécanisme évolutionnaire postulé a bien lieu. Cela nous a permis de donner un peu de crédibilité aux théories de la réciprocité, puisque le choix minutieux des partenaires de coopération est effectivement observé chez les chasseurs-cueilleurs. Cela nous a aussi permis de diminuer le crédit de la sélection de parentèle, car les groupes de chasseurs-cueilleurs ne sont pas très apparentés.

La deuxième consiste à tester les prédictions que fait chaque théorie sur la logique de la morale. Nous avons vu que la sélection de groupe culturelle, dans sa version la plus basique, est censée postuler l'existence d'une « morale du sacrifice », qui ferait passer le groupe avant toute chose. Si la morale semble bien parfois être *biaisée* en faveur des intérêts de notre groupe, elle s'y oppose aussi souvent. Nous avons parlé de l'exemple des soldats qui s'opposent à leurs camarades pour des raisons morales, mais d'autres expériences montrent que la morale humaine intuitive n'a pas l'air de viser à maximiser le bonheur du groupe. Certaines expériences montrent même que les gens apprécient moins ceux qui essaient d'œuvrer pour le bonheur du groupe : ils jugent ces personnes moins dignes de confiance et souhaitent moins coopérer avec elles[39].

Tester les hypothèses évolutionnaires peut aussi se faire par des modèles mathématiques et informatiques qui permettent de « simuler l'évolution ». Si nous ne sommes malheureusement pas capables de remonter dans le temps pour observer ce qui s'est réellement passé, nous pouvons essayer de recréer l'évolution dans des ordinateurs pour étudier si un mécanisme donné est capable de faire émerger des comportements moraux. Les modèles permettent d'aller au-delà des arguments verbaux et des intuitions dont la véracité est souvent dure à vérifier. Ils rendent possible la vérification de l'enchaînement de causes et conséquences que l'on postule. En effet, si je vous dis : « le mécanisme de choix du partenaire permet de faire évoluer un sens moral », ce n'est pas très précis. Quelle façon de choisir ses partenaires ? Dans quelles conditions ? Au bout de combien de temps la morale finit-elle par évoluer ? Pour répondre à ces questions, nous sommes obligés de nous tourner vers les modèles.

Créer de telles simulations de l'évolution est un travail qui m'a bien occupé pendant ma thèse[40]. J'ai par exemple montré que si « quelque chose » dans notre cerveau avait évolué « pour » nous aider à nous faire choisir comme partenaire de coopération, alors cette « chose » devrait respecter une logique de proportionnalité (comme récompenser ceux qui fournissent le plus d'effort) ou une logique d'aide aux plus faibles[41]. Coup de *chance*, ce sont effectivement deux caractéristiques de la morale* !

Terminons ce chapitre en revenant sur le supposé « cynisme » des explications évolutionnaires. Est-ce cynique de dire que la morale n'est pas vraiment altruiste, qu'elle apporte des bénéfices ? Les biologistes disent-ils qu'à chaque fois qu'on se comporte moralement, on le fait parce qu'on *sait* que ça va nous apporter des bénéfices dans le futur, ou qu'on sait que ça va nous permettre de répandre nos gènes ? Pourtant, ce n'est pas du tout ce que l'on ressent quand on se comporte moralement ! Quand on aide une personne qui tombe devant soi à se relever, on le fait sans penser à tout ça. On le fait spontanément, sans avoir besoin d'y réfléchir à deux fois et de peser le pour et le contre, et sans se demander si ce comportement va favoriser nos gènes. Ne devraient-ils pas remettre les pieds sur terre, ces biologistes ?

Sans nier que cela puisse être effectivement bénéfique à certains, une subtilité de l'évolution permet aux autres de se sortir de cette impasse. La biologie de l'évolution peut en effet concilier égoïsme au niveau évolutionnaire

---

* Les « mathématiques de la morale » sont un domaine qui nécessiterait un livre entier pour être bien traité, et qui mériterait qu'on parle plus de lui. Je n'entrerai pas dans les détails ici, mais j'en ferai une vidéo sur ma chaîne YouTube. Si vous faites partie des premiers lecteurs de ce livre (merci !), vous allez devoir attendre encore un peu pour visionner cette vidéo. Mais si vous avez déniché ce bouquin tout poussiéreux à l'édition 2056 du vide-greniers de Saint-Céré, vous pouvez tout de suite filer à l'adresse https://homofabulus.com/chaine pour rechercher une vidéo qui parle de mathématiques de la morale.

et désintéressement au niveau psychologique. C'est même une de ses grandes forces que de pouvoir découpler ces deux niveaux d'explication, que l'on appelle les « explications ultimes » (ou « évolutionnaires », ou « distales ») et « proximales » (ou « psychologiques »)*[42]. Quand un biologiste dit par exemple que se comporter de manière morale « sert » à être choisi plus souvent comme partenaire de coopération, il n'est pas en train de dire que c'est un calcul que les humains font consciemment. Il n'est pas non plus en train de dire que les humains font en permanence des calculs égoïstes et rationnels pour savoir s'ils doivent agir de manière morale. Ce que le biologiste dit, c'est que les comportements moraux vont finir par apporter des bénéfices sur des temps très longs, *sans même que l'individu ne s'en rende compte.*

Reprenons notre bonne vieille analogie avec les sens perceptifs pour mieux comprendre cela. La raison évolutionnaire pour laquelle nous avons évolué un sens du goût qui nous fait préférer les aliments gras et sucrés, c'est pour favoriser la consommation d'aliments riches en énergie. Cependant, cela ne veut pas dire que lorsque nous mangeons quelque chose de gras ou sucré, nous le faisons en pensant à toute l'énergie que cela nous apportera pour survivre. Nous le faisons spontanément parce que nous y prenons plaisir. Il en va de même pour la morale. Les humains préfèrent intuitivement adopter certains comportements (moraux) parce qu'ils leur procurent

* Cette distinction est aussi présente chez les philosophes de la morale comme Adam Smith qui demande qu'on fasse la distinction entre causes efficientes et causes finales du comportement. Voir SMITH A., *The Theory of Moral Sentiments*, 1759.

du plaisir. Mais ils ne le font pas en pensant à tout ce que cela leur apportera comme bénéfice au niveau évolutionnaire.

Attention, vous avez peut-être compris cette subtilité à l'instant même, mais il est très facile de l'oublier et de se faire piéger l'instant d'après. En témoigne l'anthropologue Marshall Sahlins qui déclarait en 1976 :

« Quant à savoir comment des animaux s'y prennent pour déterminer que r = 1/8, je pense que tout commentaire sera superflu. Faute d'avoir traité cette question, les sociobiologistes ont chargé leur théorie d'une part considérable de mysticisme[43]. »

Sans trop entrer dans les détails, le « r » dont parle Sahlins est le degré de similarité génétique entre deux personnes qui permet aux biologistes de savoir si des comportements altruistes peuvent évoluer entre ces deux individus, par le mécanisme de sélection de parentèle. Autrement dit, Sahlins semble supposer que le mécanisme de sélection de parentèle repose sur la capacité des animaux à faire des calculs conscients de similarité génétique. Mais les biologistes n'ont jamais dit que ces calculs devaient être faits consciemment ! Ces calculs ont déjà été faits par la sélection naturelle, qui les a implémentés sous forme de comportement conditionnel dans les êtres vivants.

Toutes les théories qui postulent que le sens moral est adaptatif, c'est-à-dire qu'il apporte des bénéfices pour la survie ou la reproduction, sont donc compatibles avec l'idée d'une morale désintéressée. Voilà une des raisons pour lesquelles il est très important de garder en tête la théorie de l'évolution quand on fait de la psychologie. Elle nous permet de nous sortir de paradoxes comme celui-là, d'expliquer pourquoi la morale peut être désintéressée tout en apportant des bénéfices au niveau des gènes. La théorie de l'évolution nous sauvera encore plus d'une fois d'ici la fin de ce livre, vous verrez !

Cette distinction ultime/proximale explique aussi pourquoi les critiques qui accusent de « réductionnisme » ratent leur cible quand elles s'en prennent aux naturalistes. Les naturalistes ne cherchent pas à *tout* expliquer par les gènes, à *réduire* entièrement les comportements moraux à des morceaux d'ADN qui se répliquent. Ils ne disent pas qu'il n'y a plus rien à expliquer quand on a dit qu'un humain qui rapporte un portefeuille égaré sert au final l'intérêt de ses gènes. Cet humain se comporte ainsi avant tout parce qu'il trouve ce comportement psychologiquement plaisant, parce qu'il est équipé d'une capacité cognitive qui le pousse à adopter des comportements bénéfiques aux autres. La psychologie ne disparaît pas, ne se dissout pas dans l'étude des gènes. Elle ne se dissout pas plus dans l'étude des régions cérébrales, des neurones et des neurotransmetteurs. Il n'est pas déraisonnable de penser qu'une description psychologique de la morale se focalisant sur les émotions, jugements et croyances soit aussi importante, si ce n'est plus, que la description de ce qui se passe au niveau des régions cérébrales, neurones, neurotransmetteurs et – pourquoi pas – atomes.

La psychologie évolutionnaire a mis au cœur de son programme de recherche un aller-retour incessant entre le niveau psychologique et le niveau évolutionnaire, entre le niveau proximal et le niveau ultime[44]. Elle ne va donc pas mettre sur la paille les psychologues, anthropologues et philosophes de la morale. Vous avez dû vous en apercevoir étant donné le nombre de fois où j'ai fait appel à ces disciplines depuis le début de ce livre, mais je préfère quand même l'expliciter.

Ce qu'il faut retenir

Comment la morale a-t-elle pu évoluer par sélection naturelle alors qu'elle nous fait si souvent adopter des comportements coûteux ? Différents chercheurs ont différents avis sur la question. Certains pensent que ces coûts sont compensés par les bénéfices de se faire choisir plus souvent comme partenaire de coopération. D'autres avancent qu'ils sont compensés par la facilité de s'imposer dans des combats entre différentes populations humaines. D'autres encore pensent que la morale repose sur des briques cognitives plus élémentaires comme l'empathie ou la sympathie, qui elles sont bénéfiques. Enfin, certains proposent que la morale est une relique psychologique d'une époque où elle était bénéfique à nos proches.

6
LA MORALE, UNE HISTOIRE DE COÛTS D'OPPORTUNITÉ ?

« Choisir, c'est renoncer. »

ANDRÉ GIDE, *Les nourritures terrestres*, 1897

Kleo est chasseur-cueilleur. Il vit quelque part en France il y a 40 000 ans. De ce qu'on sait de sa vie, une grande partie de sa journée est passée à coopérer[1] : coopérer pour chasser, faire de la cueillette, se protéger des prédateurs, construire des abris, cuisiner, élever les enfants, réparer les outils, partager des techniques, etc. Il existe une définition assez précise de la coopération en biologie, mais nous n'en aurons pas besoin ici. Pour ce chapitre, nous garderons la définition du langage courant, qui est plus ou moins d'agir dans un but commun et de façon non conflictuelle.

Ce qui est formidable quand on fait des choses ensemble, c'est de pouvoir accomplir ce qu'on ne peut pas faire tout seul[2]. Si vous cueillez des cerises seul, vous ne pourrez ramasser que celles qui se trouvent sur les branches basses. Cependant, si quelqu'un peut vous faire la courte échelle, vous aurez accès à toutes les branches arborant des fruits juteux. Si vous chassez à plusieurs et que certaines personnes peuvent jouer les rabatteurs, vous attraperez beaucoup plus de gibier que si vous chassez seul et faites fuir le gibier devant vous, telle une classe de 4e B en sortie scolaire à Fontainebleau.

L'importance de la coopération n'est pas qu'à remarquer chez les chasseurs-cueilleurs. Au XXIe siècle et dans nos sociétés occidentales, elle est aussi omniprésente. La division du travail peut être vue comme un exemple de coopération à large échelle. Si en ce moment je peux me permettre d'écrire ce livre plutôt que d'aller chasser, c'est parce que je sais que je fais partie d'une entreprise de coopération avec d'autres humains qui vont produire suffisamment de nourriture pour me garantir que mon frigo ne sera pas vide à la fin de la journée. Ce n'est pas que je ne vous aime pas, chers lecteurs, mais si je devais choisir entre vous et un frigo plein, le choix serait vite fait. Poussée à son extrême, la coopération à l'échelle planétaire permet de réussir des prouesses scientifiques comme obtenir des images d'un trou noir se trouvant à des millions d'années-lumière, une performance équivalente à lire une épitaphe du Père-Lachaise depuis un bistrot new-yorkais[3].

La coopération a également ce qu'on appelle un « effet synergique »[4]. En matière de coopération, 1 + 1 n'est pas forcément égal à 2. 1 + 1 peut être égal à 3, mais aussi à 10, 20 ou 100 dans certaines situations. Les effets bénéfiques des actions individuelles ne font pas que s'additionner, ils peuvent être multipliés. Et la coopération n'est pas un « jeu à somme nulle » comme disent les théoriciens des jeux : lorsqu'une personne gagne, l'autre ne perd pas forcément.

Jusqu'ici, rien de révolutionnaire. La capacité de coopérer est régulièrement citée, avec la culture cumulative, comme une des capacités ayant permis à notre espèce de se répandre sur la planète et de s'adapter à des environnements variés et souvent hostiles[5]. Ce qui est moins remarqué, c'est que l'omniprésence de la coopération et le fait qu'elle soit porteuse de tant de bénéfices peuvent avoir des implications sur notre psychologie. Il est en effet possible que la sélection naturelle ait façonné d'une manière ou d'une autre les cerveaux des humains pour les aider à prendre les bonnes décisions en matière de coopération. En particulier, une décision très importante concerne le choix de ses partenaires.

Comment bien choisir avec qui coopérer ? Une façon de choisir consiste à faire en sorte que ce que vous gagnez quand vous coopérez soit supérieur à ce qu'on appelle vos « coûts d'opportunité ». Rien de compliqué derrière ce terme nous venant de l'économie. Un coût d'opportunité désigne simplement « ce à quoi vous devez renoncer pour obtenir ce que vous voulez ». Si, pour aller au cinéma avec votre copine Lilou, vous devez renoncer à assister à une partie de pétanque, le plaisir que vous procure cette partie constitue votre coût d'opportunité. Plus précisément, un coût d'opportunité est la valeur de la *meilleure* option que vous n'avez pas choisie ; nous devons donc supposer que regarder des sphères d'acier biberonner le petit est ce que vous préfériez faire ce soir-là, juste après aller au cinéma avec Lilou.

Dans le domaine de la coopération, voilà ce que donne ce concept. Imaginez que vous vouliez aller cueillir des pommes avec une autre personne, et que vous avez le choix entre trois candidats, que des parents peu inspirés auront nommé A, B et C. Si vous cueillez avec A, vous savez que vous reviendrez avec *un* panier rempli de pommes. Si vous allez cueillir avec B, vous en aurez deux ; et si vous élisez C, vous en aurez trois. Si vous choisissez A, votre coût d'opportunité sera de trois paniers, car c'est la valeur de la meilleure option que vous n'avez pas choisie (la valeur de l'option C). Si vous adoptez B, votre coût d'opportunité sera aussi de trois (la valeur de l'option C également). Enfin, si vous choisissez C, votre coût d'opportunité sera de deux (la valeur de l'option B, la meilleure après C).

En adoptant le cadre conceptuel des coûts d'opportunité, il est très facile de voir pourquoi, quand vous coopérez et que vous voulez maximiser vos bénéfices, il est important de choisir non seulement quelqu'un qui va vous faire gagner plus que rien du tout (autrement cela ne sert à rien de coopérer), mais aussi et surtout quelqu'un qui vous fera gagner plus que votre coût d'opportunité. Dans notre petit exemple, cela veut dire bien sûr coopérer avec C, car :

- si vous coopérez avec A, vous obtenez un panier alors que votre coût d'opportunité est de trois – vous n'êtes pas remboursé.
- si vous coopérez avec B, vous obtenez deux paniers alors que votre coût d'opportunité est de trois – vous n'êtes toujours pas remboursé.
- si vous coopérez avec C, vous obtenez trois paniers alors que votre coût d'opportunité est de deux. Bravo, vous

êtes remboursé de votre coût d'opportunité (et même plus que remboursé) !

Il est aussi possible de reformuler cela en termes d'investissement. Quand vous choisissez avec qui coopérer, d'un point de vue évolutionnaire, vous êtes en quelque sorte en train de faire un investissement. Vous êtes en train de décider comment investir ces quelques unités de temps que vous avez devant vous. Et un bon investissement de temps, c'est une dépense qui vous permettra de gagner au moins autant que ce que vous auriez pu obtenir en investissant ce temps ailleurs. Autrement dit, un bon investissement doit permettre de gagner au moins autant que votre coût d'opportunité.

Si vous avez l'impression que je ne suis plus en train de parler de biologie mais d'économie, c'est tout à fait normal. Le concept de coût d'opportunité a été beaucoup étudié en économie, mais il s'agit d'un concept plus large qui ne se limite pas aux sociétés humaines. On l'utilise déjà en biologie sur d'autres sujets que la morale, pour expliquer comment les animaux choisissent dans quels endroits chercher de la nourriture par exemple[6].

Pour résumer, en économie comme en biologie, l'investissement optimal est un investissement dans une activité dont le retour est supérieur à son coût, coût qui inclut le coût d'opportunité, la valeur de la meilleure option alternative.

Imaginez maintenant que vous choisissez de coopérer avec C (celui qui devait vous donner trois paniers) et qu'il ne vous récompense au final que d'un panier, une fois que tout le boulot a été fait. Dans ce cas, C ne vous rembourse pas le coût d'opportunité que vous avez payé en décidant de coopérer avec lui (ce coût était de deux). En décidant de coopérer avec C, nous pouvons dire *a posteriori* que vous avez fait un mauvais investissement. Vous n'avez pas maximisé les bénéfices que vous pouviez tirer de cette opportunité de cueillette de pommes. Voilà pourquoi bien choisir ses partenaires de coopération est extrêmement important.

Un deuxième problème évolutionnaire important et associé est de ne pas acquérir de réputation de mauvais coopérateur soi-même. Si vous êtes dans la position de C, vous pourriez être tenté de ne donner qu'un seul panier de pommes sur les trois possibles, parce que cela vous permettrait de garder plus de pommes pour vous. Sauf que cela marchera sûrement une fois, mais probablement pas deux, parce que, ce faisant, vous obtiendriez la réputation d'être un mauvais investissement. Avec comme implication tout ce que l'on a vu plus haut sur les théories de la réciprocité et sur notre ami Cephu le chasseur-tricheur : moqueries, perte d'estime et surtout menaces d'exclusion du groupe ou de la coopération. Si vous voulez avoir beaucoup de partenaires avec qui coopérer, vous avez tout intérêt à rembourser correctement ceux qui acceptent de travailler avec vous, non seulement leur temps mais aussi le coût d'opportunité qu'ils payent pour être à vos côtés.

Voilà le principe de base. L'importance de la coopération dans la vie humaine pose des problèmes de choix de partenaire et de gestion de réputation qui peuvent s'interpréter à un niveau plus élémentaire comme des problèmes de gestion de coûts d'opportunité. Mais que vient faire la morale dans tout ça ? Bonne question. Si vous acceptez la prémisse que la gestion de coûts d'opportunité a été et est toujours très importante dans l'espèce humaine, alors vous pouvez vous demander s'il n'y aurait pas quelque part dans le cerveau humain un mécanisme qui aurait précisément pour but de nous aider à prendre les bonnes décisions en matière de coûts d'opportunité. Si cette pression pour être choisi et bien choisir a été si importante, on pourrait penser qu'un mécanisme psychologique nous aidant à résoudre ces problèmes aurait été favorisé par la sélection naturelle. Un mécanisme qui, étant donné l'extrême importance de la coopération dans la vie humaine, devrait être omniprésent dans notre vie mentale. Un mécanisme qui, étant donné la diversité des situations dans lesquelles des coûts d'opportunité interviennent, s'activerait dans des situations aussi variées que la répartition des richesses, le droit des animaux, la nourriture, la sexualité... Un mécanisme qui, étant donné la gravité de ne pas être remboursé de son coût d'opportunité, nous rendrait fou de rage lorsqu'il détecterait une situation qui ne lui plaît pas.

Et quel pourrait bien être ce mystérieux mécanisme dans notre tête ? Il n'y a pas tant de candidats que ça. Vous me voyez venir avec mes gros sabots. L'hypothèse que je veux vous suggérer, c'est que ce mécanisme de gestion des coûts d'opportunité, c'est le sens moral. Cette chose bizarre que l'on a dans la tête, qui s'active dans des situations variées et est omniprésente dans notre vie mentale, ne remplirait qu'une seule fonction : calculer des coûts d'opportunité. Le sens moral serait un algorithme cognitif évolué visant d'une part à rembourser les coûts d'opportunité que l'on fait payer aux autres, afin de les inciter à coopérer à nouveau avec nous dans le futur, et d'autre part à nous faire éviter les personnes qui ne nous remboursent pas nos propres coûts. Ce que l'on appelle « morale », c'est la solution de la sélection naturelle au problème du remboursement des coûts d'opportunité.

Avant d'aller plus loin, refaisons une séance de déminage psychologique pour m'assurer de ne laisser personne confus au bord de la route. Je ne viens *pas* de dire que la morale consiste à considérer les autres humains comme des investissements. Non seulement je ne dis pas que c'est ce qu'il faudrait faire – ce serait faire de la morale normative alors que je ne fais que du descriptif –, mais je ne dis même pas que c'est ce qui se passe consciemment dans notre tête. Si vous pensez que j'ai dit cela, vous n'aurez que quelques pages à feuilleter en arrière pour relire la distinction entre motivations proximales et motivations ultimes. En fait, je ne suis pas en train de décrire les calculs conscients qui ont lieu dans notre tête, mais de dire que d'un point de vue évolutionnaire, dans une perspective de maximisation des chances de survie et de reproduction, cela a du sens de considérer les autres comme des investissements. Cela a du sens de penser que la sélection naturelle nous a façonnés pour tirer le maximum de nos interactions coopératives. Si vous étiez chasseur-cueilleur en l'an – 57 360 et que vous aviez réussi à ne pas mourir de faim, ne pas mourir de soif, et ne pas mourir mangé par un prédateur, une des choses les plus importantes que vous pourriez faire ensuite pour augmenter vos chances de survie serait d'éviter de coopérer avec des gens qui ne vous remboursent pas vos coûts d'opportunité, et montrer aux autres que vous leur rembourserez les leurs.

L'hypothèse serait donc que le sens moral peut aider à cela. Comment apporter du crédit à cette hypothèse ? Généralement, face à une théorie nouvelle, on essaie de tester ses prédictions. Si une théorie postule que tous les primates actuels ont évolué à partir d'un ancêtre commun, un certain nombre de prédictions sont associées (continuité des fossiles, similarité génétique, etc.). Le chapitre précédent abordait certaines des prédictions que font les théories de la morale. Mais il existe d'autres façons de donner du crédit à une théorie scientifique qui ne passent pas par le test de ses prédictions. On peut par exemple montrer comment une théorie se rattache à l'édifice de la science dans son ensemble, comment elle s'intègre élégamment à une masse de travaux précédents. Dans notre cas, il s'agirait des travaux en biologie de l'évolution et théorie des jeux. La science attache aussi de l'importance à la simplicité. La simplicité d'une théorie, ou sa parcimonie, est généralement considérée comme une qualité, en particulier quand cette théorie permet d'expliquer autant de choses que d'autres, plus complexes. À pouvoir explicatif égal, on choisira souvent l'explication la plus simple. La théorie des coûts d'opportunité a cet avantage d'être on ne peut plus simple – nous discuterons plus bas de savoir si elle l'est trop.

Enfin, une troisième façon de donner du crédit à une théorie scientifique sans passer par le test de prédictions consiste à montrer en quoi elle permet d'expliquer un ensemble de phénomènes mal compris jusqu'à présent, ou considérés comme des anomalies. Les exemples classiques de telles façons de procéder en philosophie des sciences font souvent référence à Copernic et Kepler. Avec une théorie nouvelle, Copernic arrive à expliquer deux choses qu'on ne comprenait pas bien jusque-là sur le mouvement des astres : pourquoi les planètes ont parfois l'air de faire machine arrière quand on les observe depuis la Terre, et pourquoi Mercure ou Vénus ne s'éloignent jamais du Soleil. Kepler un peu plus tard fait la même chose : il montre qu'il suffit de supposer que les orbites des planètes sont des ellipses et non des cercles pour pouvoir se passer de tout un tas de complications dans les théories existantes. Copernic comme Kepler ont apporté du crédit à une théorie sans passer par la production de nouvelles données, mais en réinterprétant de façon parcimonieuse des données existantes.

Ce que je vais faire maintenant, c'est exactement cela. Je vais essayer de vous donner un aperçu du caractère unificateur de cette théorie de la morale. Je vais tenter de vous montrer comment différentes situations qui n'ont pas l'air d'avoir grand-chose en commun peuvent être réinterprétées de façon intéressante à la lumière de la théorie des coûts d'opportunité. Commençons tout de suite avec le principe de proportionnalité.

« Plus quelqu'un travaille longtemps, plus il doit être récompensé. » J'imagine que ce n'est pas la chose la plus choquante que vous lirez dans ce livre. Cette phrase reflète ce qu'on appelle en philosophie le « principe de proportionnalité », un principe central dans notre psychologie morale[7]. La récompense que reçoit un individu dans une interaction coopérative doit être proportionnelle à son effort fourni et, de manière générale, à tout ce qu'il a investi dans l'interaction. Ce principe de proportionnalité s'explique facilement en termes de coûts d'opportunité. En effet, plus quelqu'un travaille, plus son coût d'opportunité augmente, puisque plus cette personne aurait pu travailler sur un autre projet dans le même temps. Notre sens moral trouve donc normal que cette personne soit plus rémunérée. C'est presque trivial formulé ainsi, mais il est important d'arriver à expliquer aussi ces cas « simples » : il y a bien des coûts d'opportunité derrière le principe de proportionnalité.

LA MORALE, UNE HISTOIRE DE COÛTS D'OPPORTUNITÉ ?

Les coûts d'opportunité permettent aussi d'expliquer pourquoi la morale ressemble plus souvent à une affaire d'équilibre qu'à une affaire de sacrifice. Il nous arrive d'associer morale et générosité, ou morale et sacrifice. Nous entendons parfois dire que quelqu'un a été moral en donnant tout ce qu'il avait, ou que quelqu'un qui s'est sacrifié a fait ce qu'il était moral de faire. Néanmoins, dans beaucoup de situations, la morale est mesurée. La plupart des gens ne pensent pas qu'il est moral de donner 100 % de son salaire aux SDF. La plupart des gens n'en voudront pas à une personne qui n'a pas voulu plonger dans une maison en flammes pour vérifier si tout le monde était sorti. Si elle le fait, elle sera une héroïne, mais si elle ne le fait pas, on ne la jugera pas immorale pour autant. Imaginez encore que nous allions cueillir des pommes ensemble, que nous travaillions autant, mais qu'à la fin je décide de vous donner *plus* de la moitié du panier récolté, disons 60 %. Qu'allez-vous penser de moi ? Que je suis un chic type, certes. Je vous remercie d'ailleurs. Que je suis généreux, certes. Mais allez-vous me considérer comme quelqu'un de *plus moral* que si je ne vous avais donné *que* la moitié du panier ? C'est beaucoup plus douteux. Vous pourriez même être gêné et refuser ces 60 %. C'est d'ailleurs ce que font beaucoup de sociétés testées dans le monde[8]. Même les enfants dès l'âge de 3 ans rejettent les partages qui les avantagent[9]. Oui, vous m'avez bien lu, quand ces petits êtres assoiffés de sucre reçoivent plus de Smarties que leur partenaire de coopération, ils n'en profitent pas pour s'empiffrer mais cherchent à rétablir l'équité en se séparant d'une partie de leurs bonbons.

L'existence d'une « limite à la générosité » dans la morale est très importante et a bien été remarquée par les philosophes, notamment ceux qu'on appelle « contractualistes », qui ont décrit l'aspect *mutuellement avantageux* de la morale. Cette limite est au contraire souvent négligée par les biologistes qui vont un peu vite en besogne en assimilant morale et générosité, morale et altruisme ou morale et sacrifice.

Du côté de la théorie des coûts d'opportunité, ces limites à la générosité sont facilement explicables. Dans une interaction coopérative, chaque partenaire doit être remboursé de ses coûts d'opportunité. Si deux individus ont les mêmes opportunités avant de commencer à coopérer, qu'ils contribuent autant et jouent un rôle interchangeable (c'est-à-dire qu'un individu donné aurait tout aussi bien pu jouer le rôle de l'autre), alors ces deux partenaires vont avoir les mêmes coûts d'opportunité en coopérant. Le seul moyen de faire en sorte que les coûts d'opportunité de tout le monde soient remboursés de la même manière, c'est de partager en deux parts égales. Pas 40/60. Pas 60/40. 50/50.

Si donner moins de 50 % est immoral, donner plus de 50 % ne fait pas de vous quelqu'un de supermoral. Un autre mot serait nécessaire pour décrire ce comportement : super généreux, altruiste… Les philosophes ont tendance à utiliser le mot « surérogatoire », qui signifie « qui est fait en plus », qui va au-delà du devoir moral.

Passons maintenant à une des expériences de philosophie morale les plus connues, l'expérience du trolley, aussi appelée « dilemme du tramway » ou « dilemme du train fou » pour les plus franciseurs d'entre vous[10].

À vous !

Imaginez qu'un train fou sans conducteur est sur le point d'écraser cinq personnes ligotées sur une voie ferrée. Ces personnes vont mourir, sauf si vous tirez sur un levier d'aiguillage qui permettra de faire dévier le train sur une voie secondaire. Problème : sur cette voie secondaire se trouve aussi une personne ligotée. Question : que feriez-vous dans une telle situation ? Faut-il tirer sur le levier pour faire dévier le train[11] ?

Cette question a été posée à des centaines, des milliers de personnes depuis son apparition dans les années 1960. Généralement, la plupart des interrogés acceptent de tirer sur le levier pour sauver les cinq personnes. Non pas qu'ils trouvent ça forcément moral, mais ils pensent en tout cas que ce serait la solution la plus acceptable[12]. Comparons maintenant ce résultat à une deuxième situation. Imaginez à nouveau un train fou qui s'apprête à tuer cinq personnes, mais cette fois-ci, plus de levier ni de voie secondaire. En revanche, une petite passerelle surplombe la voie ferrée, et vous êtes présent dessus à côté d'une personne suffisamment obèse pour… que son corps arrête le train si vous la poussez sur la voie. Évidemment, cette personne mourrait, mais vous auriez réussi à sauver les cinq ligotés. Je sais, les philosophes de la morale n'ont aucune pitié…

La question reste bien sûr : que feriez-vous dans ce cas ? Généralement, la majorité des gens refuse de pousser la grosse personne. Ce qui veut dire que la majorité des gens refuse cette fois de sacrifier une personne pour en sauver cinq. Pourtant, les enjeux sont exactement les mêmes que dans la première situation avec le levier. Du point de vue du nombre de vies sauvées, les deux situations sont identiques : il s'agit de sacrifier une personne pour en sauver cinq.

Comment expliquer que les intuitions morales des gens puissent se retourner ainsi plus facilement que des tartines beurrées au petit déjeuner ? Certains proposent que le « principe du double effet », supposé central dans notre psychologie morale, puisse expliquer cela. Vous en avez sûrement déjà entendu parler sans le savoir. Le principe du double effet postule qu'il est interdit d'utiliser une personne comme un moyen. Il serait acceptable de tuer une personne pour en sauver plusieurs si et seulement si cette personne n'est pas utilisée comme un moyen, mais que sa mort représente un dommage collatéral. Dans le dilemme du tramway, quand on décide de tirer sur le levier, la personne seule sur la voie est une victime collatérale de l'action de sauver cinq personnes. En revanche, quand on doit pousser une personne sur la voie pour arrêter le train, cette personne est au contraire utilisée comme un moyen. Un « principe du double effet » implanté dans le cerveau humain pourrait donc expliquer les résultats observés.

Il existe néanmoins de nombreuses autres interprétations à cette expérience et l'une d'entre elles fait intervenir des coûts d'opportunité. Quand on tue une personne en la poussant sur la voie, on lui fait subir un coût d'opportunité plus grand que quand on la tue alors qu'elle est déjà sur la voie. Pourquoi ? Parce qu'une personne en sécurité sur une passerelle a de meilleures options alternatives qu'une personne ligotée sur la voie. Elle est en quelque sorte *plus loin de la mort*. En tuant cette personne, on lui fait donc payer un coût d'opportunité plus grand. Ceci expliquerait pourquoi notre cerveau, ou tout du moins celui d'une majorité de personnes, fait la différence entre ces deux situations, alors qu'elles sont identiques sur le plan comptable du nombre de vies sauvées.

D'une façon générale, on peut remarquer que les coûts d'opportunité sont toujours plus grands quand on se sert d'une personne comme d'un moyen plutôt que quand une personne est tuée par dommage collatéral. Quelqu'un qui subit un dommage collatéral est en général déjà dans une situation dangereuse, presque par définition (pensez aux civils qui se font bombarder par erreur dans une zone de guerre). Le principe du double effet, qui a été étudié et remarqué par les philosophes depuis des siècles, serait donc une bonne description de la morale, mais une description de haut niveau, qui pourrait être réécrite à un niveau plus élémentaire comme une histoire de coûts d'opportunité.

Un autre principe important en philosophie morale concerne la différence entre l'omission et l'action. Ce principe désigne le fait que les humains jugent généralement plus sévèrement quelqu'un qui *tue* activement plutôt que quelqu'un qui *ne sauve pas* activement[13]. Par exemple, si vous maintenez la tête de quelqu'un sous l'eau pour le noyer, on vous jugera plus sévèrement que si vous vous êtes abstenu de sauver quelqu'un qui était déjà en train de se noyer. On juge généralement les actions plus sévèrement que les omissions. Une fois de plus, il s'agit d'une propriété de la morale qui peut paraître bizarre car dans les deux cas le résultat est le même : une personne meurt. Mais adopter une perspective de coûts d'opportunité permet d'éclairer cette bizarrerie. Comme dans le dilemme du tramway, si une personne est en train de se noyer, cela veut dire qu'elle est déjà « plus près de la mort » que la personne à qui nous maintenons la tête sous l'eau. De plus, il est souvent plus difficile de sauver quelqu'un que de s'abstenir de le tuer. Sauter dans l'eau, nager et mettre sa vie en danger pour sauver quelqu'un de la noyade est plus coûteux que simplement s'empêcher de tenir la tête de quelqu'un sous l'eau. Nos cerveaux semblent prendre en compte à quel point une action est difficile à éviter : or, calculer cela, c'est calculer la valeur des options alternatives, et c'est donc précisément faire un calcul de coûts d'opportunité.

Autre pierre angulaire de la morale : l'intentionnalité. Un homicide sera jugé plus sévèrement si le meurtrier a tué avec intention de donner la mort – alors que le résultat est toujours le même. Les intentions jouent un rôle important dans nos jugements moraux, et ce dans toutes les sociétés testées autour du globe, même chez les chasseurs-cueilleurs[14]. Une fois de plus, il se pourrait que l'intentionnalité ne soit pas *en soi* un grand principe moral, mais qu'elle soit un paramètre qui reflète des différences de coûts d'opportunité. Comme dans le cas de l'action/omission, quand un homicide est volontaire on peut penser que le meurtrier aurait facilement pu s'en empêcher. Il suffisait qu'il n'appuie pas sur la gâchette. De même, si je jette un pot de fleurs sur quelqu'un avec intention de le tuer, j'aurais très facilement pu m'en empêcher. En revanche, si je tue quelqu'un involontairement en donnant sans le faire exprès un coup de coude au pot de fleurs sur le bord de ma fenêtre, j'aurais dû pour éviter ce meurtre prendre beaucoup plus de précautions : m'empêcher carrément d'avoir des fleurs, ou ne pas les mettre sur la fenêtre, ou ne pas m'approcher de la fenêtre, être en alerte permanente, etc. Ces actions sont beaucoup plus *coûteuses*, ce qui explique, selon la théorie des coûts d'opportunité, pourquoi on juge les homicides volontaires plus sévèrement que les homicides involontaires. Quand un homicide est involontaire, cela veut généralement dire qu'il aurait fallu prendre beaucoup plus de précautions pour éviter cette mort.

Prenons maintenant une situation morale complètement différente : une situation d'aide. Les situations d'aide aussi sont fortement marquées par l'empreinte des coûts d'opportunité. Si vous êtes très fort en informatique, ce qu'on appelle dans le langage courant un « geek », on va généralement trouver cela normal que vous aidiez votre voisin à régler son problème d'imprimante qui ne marche plus, parce que cela va vous prendre une minute (arrêter, redémarrer, hop ça remarche)[15]. Une minute représente des coûts d'opportunité minimes. Mais si demain tout le quartier commence à défiler chez vous pour vous demander de l'aide, on ne dira plus que vous avez le devoir d'aider tout le monde, parce que vos coûts d'opportunité seraient alors énormes. C'est probablement le même genre de raisonnement (non conscient, toujours !) qui se produit dans nos cerveaux quand on compare le don du sang au don d'organe. Beaucoup de gens considèrent un devoir de donner son sang, car c'est un acte rapide, que notre corps régénère le précieux liquide en quelques heures et que cela permet de sauver des vies. En revanche, beaucoup ne pensent pas que c'est un *devoir* d'accepter qu'on leur prélève un œil, un rein ou un poumon[16], même si cela permettrait aussi de sauver des vies : le coût d'opportunité serait trop grand.

Arrêtons-nous là pour les exemples. Je rappelle que ce que j'ai voulu faire avec cette accumulation d'exemples, c'est montrer comment une interprétation de la morale en termes de coûts d'opportunité permet d'unifier un ensemble de résultats en philosophie et psychologie morale, résultats qui pour certains pouvaient passer pour des anomalies.

Il est également possible de faire de la science plus classique pour confirmer cette théorie, en essayant de tester ses prédictions. C'est une partie du boulot des psychologues qui travaillent dessus aujourd'hui. Le Graal serait d'arriver à *prédire* les jugements moraux. D'arriver à dire, dans telle situation, étant donné le coût d'opportunité de telle ou telle personne, quel jugement moral devrait être produit. Malheureusement, nous en sommes encore loin. Il est très difficile de savoir comment nos cerveaux calculent les coûts d'opportunité. Pour arriver à prédire les jugements, il faut non seulement avoir une théorie de la morale – ce que nous possédons désormais, à supposer que la théorie des coûts d'opportunité soit vraie – mais il faut également avoir connaissance de l'ensemble des entrées qui nourrissent le sens moral. Cela représente une tâche incroyablement complexe. Nous aurions besoin de télécharger l'intégralité des croyances d'une personne avant de pouvoir prédire ses jugements moraux. Que ce fichier pèse cent gigas ou quelques octets pour certains, je ne suis pas sûr que cette prouesse sera réalisée de sitôt. Dans un autre domaine, les météorologues sont confrontés au même problème. Bien qu'ils possèdent des modèles très sophistiqués pour essayer de prédire le temps qu'il fera et qu'ils développent ces modèles depuis des dizaines d'années, le nombre de paramètres qui entrent en jeu rend aujourd'hui encore la prévision météorologique très difficile (« la météo s'est encore trompée ! »). Ce n'est pas pour cela que leurs modèles sont à jeter. Nous devrions avoir la même indulgence avec les psychologues, et même une indulgence accrue, car ils étudient ces sujets depuis bien moins longtemps.

Pour contourner ce problème de la complexité, les psychologues essaient de tester les intuitions morales des gens dans des situations extrêmement simples, où les coûts d'opportunité peuvent être mieux maîtrisés. C'est d'ailleurs un des intérêts du dilemme du tramway, qui consiste en une situation relativement simple. Cependant, même ici, on ne maîtrise pas tout. Les gens interrogés peuvent continuer à se poser des questions sur la raison de la présence de cinq personnes sur les voies. En fonction des réponses qu'ils donnent à ces questions, leur calcul des coûts d'opportunité sera différent. Même dans des situations contrôlées en laboratoire, les gens arrivent avec tout un tas de croyances sur le monde qui compliquent énormément la prédiction de leurs jugements moraux. Ceci explique aussi pourquoi, même si un jour on arrive à avoir une théorie de la morale parfaitement ficelée, on continuera à avoir des débats moraux, notamment en matière de politique : nous n'aurons pas tous les mêmes croyances sur le monde. Souvenez-vous de l'expérience qui montrait qu'on peut amener des Danois et des États-Uniens à partager le même jugement moral, rien qu'en ajoutant trois lignes de texte pour préciser un contexte[17].

La théorie des coûts d'opportunité possède un autre point fort un peu plus informel : elle semble être un bon compromis entre conséquentialisme et déontologisme. Le conséquentialisme est la théorie morale qui postule que nos actions sont à juger bonnes ou mauvaises en fonction de leurs conséquences.

L'utilitarisme en particulier, une forme spéciale de conséquentialisme, postule que l'action bonne est celle qui maximise le bonheur du plus grand nombre. Le déontologisme, au contraire, pense que l'action bonne n'a rien à voir avec un calcul de conséquences, mais qu'il existe certaines actions, comme mentir ou tuer, qui sont intrinsèquement mauvaises, quelles que soient leurs conséquences.

Beaucoup de gens ont du mal à être convaincus par ces deux théories énoncées telles quelles. On reproche souvent au déontologisme d'être trop rigide. Les grands principes comme « tu ne dois pas mentir » sont bien beaux, mais s'ils amènent à devoir dénoncer les personnes que vous cachez dans votre cave quand la Gestapo vient frapper chez vous, ils ne paraissent plus très moraux. L'utilitarisme n'a pas ce problème de respect des grands principes puisque tout est affaire de calcul des conséquences. Mais l'utilitarisme semble aussi aller trop loin quand il postule qu'il serait acceptable de tuer une personne dans la rue pour lui prélever ses organes, si cela permettait de sauver cinq personnes. Utilitarisme et déontologisme ont tous les deux des aspects contre-intuitifs*.

La théorie des coûts d'opportunité semble ne pas avoir ces problèmes et mieux coller à notre morale intuitive. Elle n'est pas obligée de suivre aveuglément de grands principes puisque, comme l'utilitarisme, elle fait appel à un calcul qui

---

* Ce n'est pas complètement justifié de leur reprocher d'être des théories contre-intuitives, car elles n'ont pas été créées pour ça. Elles ont avant tout été formulées pour être des théories normatives. Il est néanmoins considéré comme positif pour une théorie normative d'être intuitive, et c'est sur ce critère que beaucoup de gens décideront de l'adopter ou non. Voir : Kymlicka W., *Contemporary Political Philosophy - an Introduction*, 2012.

prend en compte les particularités de chaque situation pour produire un jugement moral. Cependant, cette théorie fait des calculs différents de ceux de l'utilitarisme. Elle ne cherche pas à maximiser le bonheur, mais à rembourser des coûts d'opportunité. Ainsi, tant que tuer une personne dans la rue pour lui prendre ses organes lui fera subir des coûts d'opportunité, la théorie s'y opposera.

Dans la perspective des coûts d'opportunité, les grands principes moraux comme « tu ne tueras point » et « tu ne mentiras point », les grands droits comme « le droit à la vie », « le droit de propriété » et « le droit d'étudier la géologie », ne sont que des *régularités* morales et des régularités qui acceptent des exceptions. Si je vous demande à brûle-pourpoint si c'est mal de mentir, il y a des chances pour que vous répondiez oui, parce que c'est vrai dans une grande majorité des cas. Mais si je vous fais réfléchir à des situations concrètes, par exemple quand la Gestapo vous demande si vous cachez des personnes chez vous, vous vous direz sûrement que finalement, quand on y réfléchit, il y a des cas où le mensonge est acceptable.

Même chose pour le droit à la vie, un principe intouchable pour certains. Si vous arrêtez quelqu'un dans la rue et que vous lui demandez sans ménagement s'il existe une telle chose que le droit à la vie, cette personne va sûrement vous répondre que oui. Mais faites-la réfléchir à des situations concrètes, comme la légitime défense, et elle se rendra sûrement compte qu'il existe des exceptions à ce droit à la vie, qu'il est par exemple acceptable de tuer quand notre propre vie est en danger. La légitime défense est d'ailleurs une excuse suffisante pour justifier d'une peine réduite dans 93 % des systèmes légaux du monde[18]. Que vous partiez en vacances en Afghanistan, au Chili, au

Ghana, au Japon ou à Zanzibar, si vous tuez votre agresseur en essayant de vous défendre (pas vos meilleures vacances, je vous l'accorde), vous serez sûrement ravi d'apprendre que l'agression sera prise en compte comme circonstance atténuante de votre meurtre. Ne comptez pas sur moi pour vous dire quels pays font partie des 7 % restant, vous le découvrirez lors de vos prochaines vacances.

Toujours à propos du droit à la vie, si je vous disais que vous êtes la seule personne à pouvoir sauver un patient atteint d'une maladie grave, mais que cela vous demanderait de rester hospitalisé pendant dix ans, en auriez-vous le devoir rien que pour ne pas enfreindre ce supposé « droit à la vie » ? Beaucoup de gens ne le pensent pas et font en pratique de nombreux écarts[19].

La restitution des objets qu'on nous a prêtés est un autre exemple de principe qui accepte des exceptions, popularisé par Platon. Rendre ce qu'on nous a prêté n'est pas *toujours* la bonne chose à faire :

« Si un homme atteint de folie redemandait à son ami les armes qu'il lui a confiées dans le plein exercice de sa raison, tout le monde convient qu'il ne faudrait pas les lui rendre, et qu'il y aurait de l'injustice à le faire[20]. »

Clarifions encore la vision des grands principes moraux en prenant une métaphore gourmande, puisqu'il n'y a que comme ça que vous comprenez. Si vous me dites que les gâteaux, c'est bon, les bonbons, c'est bon, les glaces, c'est bon, je vais vous répondre certes, mais premièrement, c'est une régularité qui n'est pas *toujours* vraie, il y a des gâteaux qui ne sont pas vraiment bons (il suffit d'aller faire un tour en [insérer un pays frontalier] pour s'en convaincre). Mais surtout, on passe à côté d'un point crucial ; quand on dit que les gâteaux, les glaces et les bonbons sont bons, on peut résumer toutes ces affirmations en une seule : le sucre, c'est bon !

Ainsi, les grands principes peuvent être vus comme des régularités que l'on retrouve en sortie de l'algorithme moral. Cependant, que ces principes acceptent des exceptions montre qu'ils ne sont pas codés en dur au sein même de l'algorithme, qui, lui, continue à ne faire que des calculs de coûts d'opportunité.

Notons à nouveau qu'à cause de l'incroyable diversité des situations dans lesquelles nous devons prendre des décisions morales, chacune avec ses nuances et son contexte, supposer l'existence d'un algorithme plutôt que celle d'un catalogue de principes semble plus réaliste. Comment pourrait-on avoir une règle, un principe pour chaque situation ? Nous avons déjà parlé de ce problème au chapitre sur l'éducation. Comme le dit Adam Smith :

« Les règles générales de presque toutes les vertus, celles qui déterminent ce que sont les devoirs de la prudence, de la charité, de la générosité, de la gratitude, de l'amitié sont, sous de nombreux rapports, vagues et imprécises ; elles admettent de nombreuses exceptions et exigent tant de modifications qu'il est presque impossible de régler notre conduite uniquement par un souci de les respecter[21]. »

Quelles critiques peut-on faire à la théorie des coûts d'opportunité ? En voici deux. La première consiste à dire que « ne pas faire payer de coûts » est une description triviale de la morale formulée depuis longtemps : la morale consisterait avant tout à ne pas faire de mal aux autres, à ne pas leur faire de tort. Cette définition restreinte était à la mode en psychologie dans les années 1970-1980 et a été remise en question quand les chercheurs ont commencé à diversifier les sources de leurs données et à lire les comptes rendus d'anthropologues[22]. Ils se sont aperçus qu'il existe beaucoup de situations que les humains moralisent alors même qu'elles ont l'air de ne s'accompagner d'aucun tort causé à autrui. L'histoire de Jennifer et du cadavre vue au chapitre 1 en est une bonne illustration : le cadavre allait être détruit, était sain, bien cuit, et il n'y avait aucun risque de maladie. A *priori*, Jennifer ne lèse personne en se taillant un steak sur le macchabée. Pourtant, beaucoup trouvent cette action immorale.

La sexualité est un autre bon exemple. Il n'est pas rare que des pratiques sexuelles soient condamnées alors qu'elles sont effectuées en privé et entre adultes consentants[23]. Le respect de la patrie est un autre domaine moral où les coûts ne sont pas visibles au premier regard. Certains humains trouvent immoral de brûler le drapeau de leur pays même si cela se fait en privé et qu'aucun tort n'est causé à personne.

Il est bien sûr possible de discuter du bien-fondé de ces jugements moraux, là n'est pas la question. Cependant, on ne peut nier que certaines personnes ont effectivement ces jugements, et si nous voulons vraiment aller au bout de notre démarche *descriptive* de la morale, nous devons essayer de comprendre pourquoi ces personnes produisent ces jugements, même si nous ne sommes pas d'accord avec elles.

La théorie des coûts d'opportunité nous donne des pistes pour expliquer ces jugements qui s'expriment dans des situations où aucun tort n'est causé, parce qu'elle insiste non pas sur les coûts tout court mais sur les coûts *d'opportunité*. Les coûts d'opportunité sont une catégorie plus large que les coûts auxquels on fait habituellement référence, et ces coûts d'opportunité sont souvent cachés, invisibles*.

Souvenez-vous de l'exemple du cinéma avec votre amie Lilou. Votre coût d'opportunité était le plaisir de regarder une partie de pétanque, mais ce n'est pas vraiment ce qu'on appelle un « coût » dans le langage courant. Reprenons également l'exemple des paniers de pommes. Si C vous donne un panier alors qu'il vous en avait promis trois, vous n'allez pas trouver ça normal. Pourtant, de quoi vous plaignez-vous ? Vous êtes plus riche que vous ne l'étiez au départ. Vous aviez zéro panier et maintenant vous en avez un. Si on se contentait d'une analyse de coûts classiques, on pourrait très bien conclure que tout va très bien pour vous dans le meilleur des mondes ! Vous n'avez payé aucun coût, vous n'avez donc pas de raisons de vous plaindre. Pourtant, une analyse en termes de coûts d'opportunité nous montre qu'il y a bien eu une perte quelque part : vous auriez pu gagner plus en coopérant ailleurs. L'invisibilité des coûts d'opportunité donne donc des pistes pour comprendre pourquoi certaines personnes moralisent des situations où il semblerait qu'aucun tort n'est causé.

Le psychologue Nicolas Baumard prend l'exemple du suicide :

« On peut cependant se demander si les crimes qui nous apparaissent sans victime le sont vraiment pour ceux qui les moralisent. Examinons le cas du suicide, qui a été moralement condamné pendant longtemps. Le suicide semble pourtant être

---

* Un économiste dirait que tous les coûts sont des coûts d'opportunité, c'est-à-dire que même ce qu'on entend généralement par « coût » (en argent) fait référence à ce qu'on aurait pu faire par ailleurs avec cet argent[24].

un acte qui, par définition, ne fait d'autre victime que celui qui se suicide. Est-ce si sûr ? On peut en douter : le suicide d'une mère cause un tort aux enfants dont elle a la charge et qui n'auront pas de mère, celui d'un fils cause un tort à ses parents qui ont investi en lui et qui comptaient sur lui. En outre, l'individu qui se suicide est responsable de la peine qu'il cause à ceux qui l'aiment (en effet, rendre quelqu'un malheureux, c'est déjà lui nuire)[25]. »

Si nous sommes parfois incapables d'identifier consciemment où se cachent des torts, il semblerait que notre sens moral n'ait pas les mêmes problèmes (il travaille de façon automatique et relativement indépendante de notre réflexion consciente, rappelons-le). Dans l'histoire du macchabée charcuté, des expériences ultérieures ont montré que ceux qui ont tendance à condamner ce comportement ne sont en fait pas vraiment convaincus qu'il soit sans réelles conséquences néfastes[26]. Dans beaucoup de situations, les coûts sont en effet très cachés :

« Lorsqu'un Américain brûle le drapeau de son pays, lorsque des supporters de football sifflent la *Marseillaise*, lorsque Gainsbourg brûle un billet de 500 francs à la télévision, ils ne nuisent (bien évidemment) à personne directement. Cependant, ils suggèrent par leurs actes qu'ils peuvent avoir des raisons de s'en prendre à l'État. Ils montrent également qu'il est possible de le critiquer publiquement. Si l'on pense que l'État est juste, ou que la critique de l'État est dangereuse pour l'ordre public, on a donc des raisons d'estimer que brûler le drapeau national en public nuit aux intérêts de tous, même si ce n'est que de manière indirecte. De la même manière, le théâtre, le roman ou les représentations picturales ont été régulièrement condamnés au cours de l'histoire[27]. »

À noter que nous retrouvons dans ces mots l'importance des croyances qui peuvent complètement renverser un jugement moral, alors que le sens moral reste le même. *Si l'on pense que l'État est juste*, on aura des raisons d'être en colère contre ceux qui sifflent la *Marseillaise*. *Si l'on pense que l'État n'est pas juste*, ce sera une tout autre affaire. Des jugements moraux différents, un même sens moral.

Une deuxième critique que nous pouvons faire à la théorie des coûts d'opportunité concerne son manque de précision. Dire que la morale est une affaire de coûts d'opportunité ne nous avance pas beaucoup tant qu'on n'a pas précisé quels sont ces coûts d'opportunité, qui les paye et dans quelles conditions. On pourrait même dire que la notion de coûts d'opportunité est tellement vague qu'on peut en trouver *a posteriori* dans n'importe quelle situation et réinterpréter n'importe quel jugement moral en termes de coûts d'opportunité. C'est probablement une critique assez valable dans l'état actuel de la théorie. Mais n'oubliez pas deux choses. D'abord, ce n'est pas une théorie plus vague que les théories morales compétitrices comme l'utilitarisme, qui cherche à « maximiser le bonheur du plus grand nombre ». À la question « cette théorie est-elle bonne ? », il est souvent plus utile de substituer « cette théorie est-elle meilleure que ses compétitrices ? ». Mais surtout, s'il existe une telle chose qu'un sens moral universel, la description des calculs qu'il effectue devrait être suffisamment abstraite pour permettre de rendre compte de l'énorme variabilité des jugements moraux et de la diversité des situations dans lesquelles il s'exprime. Certes, si vous créez une théorie morale trop vague, on vous reprochera de pouvoir tout expliquer *a posteriori*. Mais si vous créez une théorie morale trop précise, ce que les psychologues et philosophes ont eu tendance à faire en établissant des catalogues de principes, on vous reprochera de pouvoir trop peu expliquer. Une théorie morale avec des contenus trop précis risque d'être confrontée à un moment donné à des jugements moraux qu'elle ne peut expliquer.

Le psychologue Jonathan Haidt a par exemple développé une théorie de la morale mentionnant explicitement cinq « fondations » : les torts et dommages, la réciprocité, la loyauté au groupe, le respect de l'autorité, et la pureté physique et spirituelle (ce que vous faites de votre corps et de votre esprit). Ces thématiques sont moralisées dans plus ou moins toutes les cultures et pays testés, avec quelques variations. Après les théories psychologiques des années 1980 qui insistaient surtout sur les torts causés et la réciprocité, la prise en compte de toutes ces formes de morale est une avancée appréciable. Mais, vous allez me dire, n'y a-t-il pas des thématiques qui manquent ? *Quid* de la liberté par exemple ? Cette catégorie n'était pas présente dans la théorie initiale, mais a été ajoutée plus tard. *Quid* de la vie privée et de l'honnêteté ? Ces catégories n'ont pour l'instant pas été ajoutées. D'autres auteurs formulent des façons différentes de *découper* la morale. Certains proposent comme fondations l'autorité, l'équité, l'empathie, la responsabilité sociale et la solidarité[28]. D'autres n'identifient pas cinq, mais sept domaines moraux : les obligations familiales, la loyauté au groupe, la réciprocité, le courage, le respect, l'équité, la propriété[29].

Je pense que vous comprenez mieux maintenant le problème des théories *précises* ou *principalistes* de la morale. Quand votre théorie est trop précise, vous êtes bien embêté lorsque vous tombez sur un *nouveau* domaine moral. Vous êtes alors obligé d'ajouter une annexe à votre théorie, qui commence à ressembler plus à une collection d'observations. Une théorie plus généraliste comme celle des coûts d'opportunité n'a pas ces problèmes puisqu'elle peut rechercher la présence de coûts d'opportunité dans des situations variées… mais elle sera accusée en retour d'être trop peu précise. Il existe donc un compromis à trouver entre généralité et précision d'une théorie de la morale. Faites-vous votre propre avis sur le juste milieu à adopter !

Terminons ce chapitre avec quelques considérations méthodologiques en faveur de la complémentarité des sciences. Au cours des siècles, les philosophes ont eu une démarche assez similaire à celle des biologistes, essayant de gratter derrière la variabilité de la morale pour découvrir des lois générales. Contrairement aux biologistes, les philosophes se sont souvent inscrits dans une démarche normative plus que descriptive, tentant de trouver la bonne façon de se comporter plutôt que de décrire la façon dont les gens se comportent effectivement. Cependant, la démarche de ne pas se satisfaire de ce qui est immédiatement observable semble être la même. Il est donc intéressant de voir comment la théorie des coûts d'opportunité peut être reliée à ce qui s'est fait en philosophie.

Au chapitre 2, nous avons vu comment la conception biologique de la morale se rapproche de celle qu'en avaient les philosophes écossais du XVIIIe siècle. S'il y a des philosophes de la morale qui me lisent, les histoires de remboursement de coûts d'opportunité et de « limites à ce qui est moralement attendu » vous ont peut-être aussi évoqué d'autres penseurs, et notamment les contractualistes John Rawls[30] et David Gauthier. Ce serait tout à fait normal car la théorie que je vous ai présentée est fortement inspirée du contractualisme en ce qui concerne la description de la logique de la morale.

Pour ceux qui ne sont pas philosophes de la morale (personne n'est parfait), le contractualisme est une théorie qui utilise la métaphore du contrat pour décrire la morale. Selon cette théorie, quand les gens agissent de façon morale, ils agissent comme s'ils avaient passé un contrat les uns avec les autres, un contrat qui respecte les intérêts de chacun. L'exemple de contrat le plus connu est le voile d'ignorance de John Rawls, qui a beaucoup contribué à revigorer les débats philosophiques sur la morale au XXe siècle[31].

Rawls nous dit que quand ils agissent de façon morale, les gens se comportent comme s'ils avaient passé un contrat *derrière un voile d'ignorance*, c'est-à-dire sans connaître la place qu'ils occuperaient dans la société. Imaginez qu'avant votre naissance, dans un monde imaginaire, vous ayez eu à vous accorder avec tous les autres humains sur une distribution des ressources de la société. Cependant, vous avez dû vous mettre d'accord sans connaître votre future place dans la société : sans savoir si vous alliez naître dans une famille riche ou pauvre, sans savoir si vous alliez naître handicapé ou bien portant, et sans savoir si vous alliez naître sain d'esprit ou avec une attirance particulière pour la philosophie morale.

Selon Rawls, dans une telle situation, précisément parce qu'ils ne sauront pas quelle position ils occuperont dans la société, les gens se mettront d'accord sur une distribution des richesses qui ne lèse personne. Une distribution avantageuse pour tout le monde et qui compense la malchance afin que même ceux qui naissent avec un handicap, qu'il soit physique ou social, puissent mener une vie *normale*. Rawls nous fait remarquer que, dans la vie de tous les jours, les gens se comportent comme s'ils avaient signé un contrat derrière un tel voile d'ignorance. Et il est vrai que cette description du contrat a l'air pertinente. Néanmoins, jusqu'à preuve du contraire, il n'existe pas de monde imaginaire où se retrouvent tous les humains avant de sauter à pieds joints dans le tourbillon de la vie, et aucun contrat n'a été réellement signé. D'où peut donc bien venir ce contrat auquel les humains semblent obéir ?

Adopter une perspective évolutionnaire résout ce problème immédiatement. Ce contrat a pu être signé pour nous par la sélection naturelle, si vous me permettez d'utiliser à nouveau du langage pseudo finaliste. De la même façon que la sélection naturelle nous a permis d'acquérir un sens du goût qui nous fait préférer les aliments gras et sucrés, sans nous demander notre avis et parce que cela nous a aidés à survivre dans le passé, la sélection naturelle nous a permis d'acquérir un sens moral qui nous fait nous comporter comme si on avait passé un contrat avec les autres. En fait, Rawls avait raison : un contrat a bien été signé avant notre naissance, mais ce n'est pas nous qui en étions signataires, mais nos gènes ! Cela fait en effet des centaines de milliers d'années que certains de nos gènes se promènent dans le monde, et leur vie n'a pas commencé avec la nôtre.

La perspective évolutionnaire éclaire aussi sur la nature de ce contrat en nous donnant des informations sur les problèmes évolutionnaires les plus importants auxquels furent confrontés nos ancêtres. Un de ces problèmes étant, comme j'ai essayé de vous le montrer, de rembourser les coûts d'opportunité qu'on fait payer aux autres quand ils coopèrent avec nous.

J'espère que vous commencez à percevoir tout l'intérêt d'une pensée évolutionnaire pour étudier le comportement humain, et l'intérêt de construire des passerelles, des ponts ou des viaducs (parfois, oui) entre biologie et sciences humaines ou biologie et philosophie, parce que ces disciplines se renforcent les unes les autres et que les points faibles de l'une peuvent être effacés par les points forts de l'autre. Les biologistes négligent parfois l'étude de la logique même de la morale en étant trop concentrés sur la question de ses origines. Les philosophes peuvent combler cette lacune, en montrant par exemple que la morale suit une logique contractualiste. Les philosophes ont parfois du mal à expliquer l'origine de la morale et l'origine du contrat entre les humains en particulier. Les biologistes peuvent les aider sur ces questions.

Ce qu'il faut retenir

Derrière des situations morales variées se retrouvent des problèmes de coûts d'opportunité. Selon une des théories naturalistes, la fonction évolutionnaire du sens moral est de permettre de rembourser aux autres les coûts d'opportunité qu'ils payent quand ils coopèrent avec nous, et d'éviter les partenaires qui ne remboursent pas nos propres coûts. L'approche évolutionnaire et algorithmique montre ici toute sa force, pouvant rendre compte de l'aspect contractuel de la morale sans s'enfermer dans des principes moraux trop étroits.

7
LES ANIMAUX ONT-ILS UNE MORALE ?

> « *Quand les fables politiques parlent d'animaux, c'est que probablement les temps sont inhumains.* »
>
> STANISLAW JERZY LEC, *Nouvelles Pensées échevelées*, 1957

Vous avez sûrement déjà vu passer sur les réseaux sociaux ou à la télévision des vidéos de phacochères qui s'entraident contre un crocodile, d'ours qui sauve un oiseau de la noyade, de chat qui empêche l'asphyxie d'un poisson, ou même de lionne qui s'occupe d'un bébé gazelle. Le genre de vidéos qui donnent envie de courir à la SPA pour adopter un ourson et sous lesquelles trônent généralement des commentaires tels que : « De toute façon, les animaux sont bien supérieurs à nous, je suis dégoûté d'appartenir à l'espèce humaine. » Et combien de fois votre épagneul breton vous a-t-il lancé son regard honteux après que vous l'avez disputé ? Évidemment que votre chien comprend ce qu'est le bien et le mal, il faut vraiment n'avoir jamais vu sa petite tête coupable pour en douter.

Comme les comportements d'entraide dans la nature sont relativement compliqués à reproduire, et donc à étudier, les scientifiques se sont souvent rabattus sur des expériences plus contrôlées en laboratoire, se focalisant sur un type d'entraide particulier : le partage de nourriture. Leurs expériences se déroulent généralement ainsi : prenez deux animaux de la même espèce et donnez de la nourriture à un seul des deux. Regardez ensuite si l'heureux élu partage son butin avec son partenaire et, si oui, comment : le partage-t-il de la même façon qu'un humain l'aurait fait ? Une variante de cette expérience consiste à décider vous-même de la distribution. Vous observerez alors comment les deux animaux réagissent quand ils sont confrontés à un partage que les humains jugeraient « inéquitable » : ont-ils l'air contents, pas contents, ou s'en tapent-ils royalement de ces trucs bizarres que leur font faire les humains ?

À vous !

Si vous traînez un peu sur Internet, vous avez peut-être déjà vu une vidéo illustrant la plus célèbre de ces expériences. Elle a été réalisée par les chercheurs Sarah Brosnan et Frans de Waal, et présentée par celui-ci lors d'une conférence TED. À l'heure où j'écris ces lignes, la vidéo est visible à l'adresse https://homofabulus.com/capucin. Je vous invite fortement à la regarder avant de lire la suite de ce chapitre (la vidéo est sous-titrée en français).

Si, pour une raison ou une autre, vous n'avez pas pu regarder cette vidéo, voilà ce qu'on y observe. Deux singes capucins sont côte à côte, mais dans des cages séparées[1]. Un expérimentateur leur propose un « jeu » : les singes ont la possibilité de recevoir de la nourriture s'ils tendent un galet à l'expérimentateur. Chacun à leur tour, les capucins tendent donc un caillou et reçoivent en retour un morceau de concombre. À un moment, l'expérimentateur cesse de donner du concombre à l'un des deux singes et lui donne à la place du raisin, qui est une nourriture dont les capucins raffolent (contrairement au concombre). Un des deux primates est donc mieux récompensé que l'autre, alors que les deux effectuent exactement la même tâche. Une situation complètement injuste s'il en est. La réaction du capucin lésé ne se fait pas attendre : il jette le morceau de concombre que l'expérimentateur lui donne, pousse des cris furieux et secoue les barreaux de sa cage comme si sa vie en dépendait. La vidéo accompagnant cette expérience est on ne peut plus saisissante. Comment ne pas reconnaître une réaction humaine de colère face à l'injustice et aux inégalités ? Pas besoin de chercher plus loin, la voilà la preuve de l'existence de la morale chez les primates !

Pas si vite ! Je vais encore passer pour le rabat-joie de service, mais il faut faire bien attention à plusieurs choses avant de pouvoir conclure quoi que ce soit ici.

Premièrement, il faut s'intéresser à la variabilité des comportements des individus testés. Les résultats présentés par les chercheurs concernent la plupart du temps des moyennes, et il faut lire les petits caractères pour en apprendre plus sur les capucins pour lesquels l'expérience n'a pas marché. Dans notre cas, on apprend que l'expérience n'a marché qu'avec des singes femelles. Les capucins mâles ne se sont jamais mis en colère et ont englouti tout le concombre qu'on leur présentait, peu importe ce que leur copain recevait. Les goinfres.

Deuxièmement, l'énervement du capucin lésé pourrait être causé tout autant par un sens moral que par un sens de la jalousie, ou un sens de l'envie. Si nous, humains, interprétons la réaction du capucin en termes moraux, c'est peut-être précisément parce que nous sommes humains et que notre sens moral s'active automatiquement sans nous demander notre avis. Mais il se pourrait aussi que le capucin soit tout simplement jaloux de son petit copain mieux traité. Or la jalousie est un sentiment beaucoup moins noble que la morale. La jalousie est aussi *a priori* une explication plus parcimonieuse parce qu'il s'agit d'un sentiment égoïste, qui sert directement l'intérêt personnel, et dont l'existence est donc très facilement expliquée par la théorie de l'évolution.

D'ailleurs, quand on s'intéresse au comportement du singe avantagé (celui qui reçoit le raisin), on se rend compte qu'il a l'air très peu préoccupé par le mauvais traitement subi par son partenaire. Le chanceux primate continue tranquillement à s'empiffrer ; dans un article ultérieur, Sarah Brosnan nous apprend même que, parfois, le singe avantagé passe un bras à travers le grillage de sa cage pour récupérer le morceau de concombre que son copain a jeté[2] ! Ces observations nous poussent à faire la distinction entre les réactions à de l'iniquité *désavantageuse* (observables chez celui qui reçoit le concombre) et à de l'iniquité *avantageuse* (observables chez celui qui obtient le raisin). Des réactions de colère à de l'iniquité désavantageuse peuvent toujours être expliquées par de la jalousie. Des réactions colériques à de l'iniquité avantageuse seraient en revanche un argument plus fort en faveur de l'existence d'un sens moral. Mais à l'heure où j'écris ces lignes, sur les dizaines d'expériences ayant déjà été faites sur le sujet[3], aucune n'a jamais réussi à mettre en évidence de façon claire l'existence de telles réactions.

Il existe une deuxième explication peut-être plus convaincante encore que la jalousie pour expliquer la colère du singe lésé : la frustration, les attentes qui sont déçues. Peut-être que le primate pique une colère parce qu'il a vu qu'il y avait du raisin dans la pièce et qu'il sait donc qu'il pourrait potentiellement manger quelque chose de bien meilleur qu'un pauvre morceau de concombre, sans que le fait que son congénère ait reçu du raisin y soit pour quoi que ce soit. Imaginez que je vous fasse miroiter devant le nez un carré de chocolat et qu'au moment de vous le donner je le jette à la poubelle pour vous tendre à la place un radis. Vous seriez content ? J'imagine que non. Il y a fort à parier que vous auriez la même réaction que le capucin lésé, sans qu'il soit question d'équité puisque vous n'avez pas été lésé par rapport à quelqu'un d'autre. Vous aviez des attentes et elles ont été déçues, un point c'est tout.

Il est assez facile de tester cette hypothèse. Il suffit de refaire la même expérience, mais avec un seul primate : l'expérimentateur déposerait les grains de raisin dans une cage vide, afin que le capucin qui reçoit du concombre voie que cette nourriture est présente dans la pièce, même s'il ne peut y avoir droit. Depuis les années 2000 et l'expérience initiale de Brosnan et de Waal, cette variante a été réalisée cinq fois avec des capucins et deux fois avec des chimpanzés[4]. À chaque fois, même résultat. Les primates testés ne rejettent pas plus souvent leur morceau de concombre quand le raisin est donné à un congénère que quand il est déposé dans une cage vide. Certains auteurs rapportent même que le capucin lésé mange parfois *plus* quand un partenaire est présent[5], comme s'il essayait de compenser la qualité de la nourriture reçue par la quantité. Cela tend à montrer qu'effectivement, les attentes déçues du capucin sont en grande partie à l'origine des comportements colériques observés. Le singe qui s'énerve n'en a pas grand-chose à faire de ce que son collègue reçoit : tout ce qui l'intéresse, c'est ce que lui reçoit par rapport à ce qu'il aurait pu recevoir, et non par rapport à ce que son copain a reçu[6].

Ces deux explications alternatives de l'expérience des capucins – jalousie et frustration – illustrent quelque chose de très important : il est très difficile, pour ne pas dire impossible, de déduire ce qui se passe dans la tête d'un animal rien qu'à partir de son comportement. Comme le disait Darwin :

« Qui peut dire ce que les vaches ressentent, quand elles entourent et regardent fixement un de leur compagnon mort ou mourant[7] ? »

Pour un même comportement, plusieurs explications psychologiques sont généralement possibles.

À vous !

Imaginez être témoin d'une scène où un chimpanzé se blesse dans le dos et un congénère vient lui lécher sa plaie. Comment interpréter ce geste ? Quelles sont les causes psychologiques possibles de ce comportement ?

Si la seule explication que vous avez réussi à formuler est qu'une volonté d'aider a poussé le chimpanzé à agir ainsi, personne ne vous en voudra. C'est en effet une possibilité et une possibilité très naturelle pour nous, *humains*. Mais il y a d'autres explications. L'une d'entre elles, très simple, est que le sang a bon goût et que le lécheur a juste cherché à se faire un petit casse-croûte sur le dos (c'est le cas de le dire) de son compagnon. C'est une explication tout à fait possible car, comme le fait remarquer Frans de Waal, « il n'est pas rare pour les primates de lécher du sang répandu sur des branches après un combat ou une naissance[8] ». Comment savoir si lécher la plaie d'un congénère est causé par une envie d'aider ou une envie de manger ?

Et que diriez-vous d'un homme qui, à un cocktail de mariage, applique avec tendresse un pansement à un enfant qui vient de se blesser, puis, quelques secondes après, attrape un bébé passant par là, le fait tourner énergiquement au-dessus de sa tête et le projette dans les airs ? Cette personne serait-elle selon vous équipée d'un sens moral, une disposition générale à prendre en compte les intérêts d'autrui ? Car c'est bien ce que vous pourriez observer si vous faisiez un petit séjour chez les chimpanzés. D'un côté, les chimpanzés se lèchent les blessures les uns les autres, comme s'ils se soignaient. De l'autre, ils peuvent aussi, lors de moments sociaux un peu tendus, se servir de « tout ce qui fait du bruit » autour d'eux comme projectile pour se rendre plus impressionnants auprès d'autres mâles[9]. Ces observations permettent de douter que les comportements prosociaux des chimpanzés soient dus à l'existence d'un sens moral *généraliste*, par opposition à des capacités cognitives d'entraide s'activant dans des conditions bien précises (la défense d'un territoire par exemple).

Jusqu'ici, dans les expériences que nous avons vues, les animaux étaient passifs : ils recevaient de la nourriture et l'expérimentateur notait leurs réactions. Pour observer comment les primates partagent *activement*, vous devrez vous y prendre différemment. Imaginez un plateau long de plusieurs mètres sur lequel de la nourriture est posée aux deux extrémités. Pour récupérer cette nourriture, deux chimpanzés doivent tirer en même temps sur deux cordes situées aux deux extrémités du plateau. Si les chimpanzés ne tirent pas simultanément, le plateau bascule et la nourriture est perdue. Dans cette expérience, les chimpanzés arrivent généralement assez bien à coopérer, à tirer simultanément sur la corde et à manger la nourriture aux extrémités, chaque chimpanzé ingurgitant un des deux tas[10].

Imaginez maintenant qu'il n'y ait pas deux tas de nourriture, mais un seul, placé au centre du plateau. Dans cette situation, la nourriture peut être monopolisée et les chimpanzés ne s'en privent pas : dans 96 % des cas, le chimpanzé dominant garde tout pour lui, se gavant devant son partenaire. Et ce, même quand les deux individus testés sont une mère et son enfant, ou un père et son enfant !

Si on réalise maintenant la même expérience avec des humains, et même des humains enfants, le résultat sera opposé : les enfants partagent en deux parts égales dans plus de 80 % des cas, même quand la ressource peut être monopolisée. Et quand un enfant garde plus que 50 % pour lui, son partenaire se montre mécontent. L'enfant gourmand rend alors généralement le surplus qu'il a pris. Notez qu'un enfant ne proteste pas quand il reçoit la moitié de la ressource dès le départ. Cela montre que quand il s'offusque, il ne le fait pas juste pour essayer de gratter plus de ressources, mais bien pour rétablir l'équité. De même, l'enfant qui en a trop pris répond aux protestations de son camarade en rétablissant directement le partage en deux parts égales, alors que son camarade n'a à aucun moment verbalisé que c'était ce qu'il voulait[11]. L'enfant gourmand sait donc ce qu'est le partage équitable, même s'il essaye de profiter de la situation qui le met en possession de l'intégralité des ressources à partager.

Si les chimpanzés n'ont pas l'air très préoccupés de l'équité des partages, peut-être qu'ils peuvent quand même aider un peu leurs congénères à obtenir de la nourriture ? Oui et non. Les chimpanzés semblent être capables d'aider leurs congénères à se procurer de la nourriture mais *uniquement* quand ils ont conscience que cette nourriture leur est de toute façon inaccessible *et* que cela ne leur demandera pas un gros effort. Les premières expériences réalisées sur le sujet de l'entraide avaient montré que les chimpanzés n'hésitent pas à aider un humain, par exemple quelqu'un qui n'arrive pas à attraper un objet hors de sa portée[12]. Mais parce que les humains nourrissent les chimpanzés en captivité, il se pourrait que ces chimpanzés aient eu des arrière-pensées égoïstes en aidant ces humains. Les expériences suivantes se sont donc attachées à montrer que les chimpanzés pouvaient aussi s'aider les uns les autres[13], y compris pour atteindre de la nourriture[14]. Les résultats montrent que cette entraide est possible, mais uniquement quand le chimpanzé ne peut pas lui-même atteindre la nourriture. Dès que vous introduisez la possibilité qu'il puisse manger sans l'aide de personne, le chimpanzé devient obsédé par cette possibilité et son cerveau entre en mode compétition, cessant de prendre en compte l'intérêt des autres[15].

Bien qu'elles soient faites dans des conditions contrôlées et que les scientifiques s'évertuent à créer d'ingénieux systèmes de partage, ces expériences restent très difficiles à réaliser et à interpréter. Des chercheurs ont montré en 2014 que la même expérience réalisée avec du matériel différent pouvait donner des résultats différents[16]. Si vous demandez à des chimpanzés de choisir entre deux distributions de nourriture, vous obtiendrez des résultats différents selon que vous leur proposez de choisir en tirant sur des cordes ou en transférant un jeton à l'expérimentateur. Ces expériences ont aussi souvent une petite taille d'effet. Dans les expériences qui ont cru trouver de l'équité chez les primates, on n'observe jamais de partages équitables massifs dans plus de 80 % des cas comme on pourrait l'observer chez l'humain. La plupart du temps, les résultats sont beaucoup plus modestes que ça, alors que l'on crée des expériences pour mettre les primates dans les meilleures conditions pour être équitables. Quand ils sont équitables, les primates le sont du bout des lèvres.

Mais qu'en est-il du milieu naturel ? Peut-être que les primates sont ultracoopératifs et font preuve de comportements moraux quand ils ne sont pas élevés dans des parcs et des réserves ? Pour répondre à cette question, je vous invite à une partie de chasse décrite par les primatologues Boesch et Boesch-Achermann[17]. Les protagonistes s'appellent Ulysse, Macho, Schubert, Kendo, Falstaff et Rousseau (je ne l'invente pas !), six chimpanzés mâles en quête d'un petit singe colobe à se mettre sous la dent (les chimpanzés mangent principalement des fruits et des plantes, mais ne crachent pas sur un peu de protéines et de graisse de temps en temps) :

« Les six mâles continuent leur chemin et cinq minutes après entendent les bruits d'un autre groupe de colobes. Cette fois, les chimpanzés s'approchent doucement, sans que personne ne se presse. Ils parcourent la canopée du regard à la recherche des colobes, toujours inconscients du danger qui se rapproche. Macho et Schubert choisissent deux arbres adjacents, les deux bien fournis en colobes, et commencent à monter sans bruit, faisant bien attention à ne pas faire bouger de branches. Pendant ce temps, les quatre autres chimpanzés bloquent les voies de retraite possibles. Quand Schubert arrive à mi-hauteur, les chimpanzés se font finalement repérer. [...] S'échappant dans la direction prévue, les colobes sont pourchassés par Macho et Schubert. Les chimpanzés poussent leurs lourds aboiements de chasse. Pour s'échapper, deux colobes sautent dans des arbres plus petits plus bas dans la canopée. Voyant cela, Rousseau et Kendo, restés au sol à observer, se dépêchent de grimper dans ces arbres pour les attraper. Mais les colobes ne pèsent qu'un tiers du poids des chimpanzés et arrivent à s'échapper par les branches flexibles de l'arbre d'à côté. Falstaff avait anticipé ce mouvement et les y attendait. Dans la confusion qui s'ensuit, Falstaff se saisit d'un jeune colobe et le tue d'un coup de crocs dans la nuque. »

Raconté ainsi, ce récit a l'air aussi convaincant que la vidéo du capucin qui veut faire valser sa cage quand on lui donne du concombre. Ce type de chasse ressemble en tout point à la chasse humaine : une traque organisée, où chaque individu semble jouer un rôle bien défini et comprendre que tout le groupe est engagé dans une action collective pour atteindre un but commun. Cependant, certains chercheurs ne sont pas du tout convaincus par cette interprétation. Michael Tomasello, par exemple, pointe du doigt que ce type de *coordination* peut tout aussi bien être obtenu si chaque individu essaie de faire ce qui est le mieux pour *lui* étant donné ce que les autres sont en train de faire[18]. Imaginez-vous chimpanzé (ce sera moins dur pour certains que pour d'autres). En rencontrant un colobe, si aucun chimpanzé n'est encore monté dans l'arbre, la meilleure chose que vous puissiez faire *pour vous* est d'essayer de grimper pour l'attraper. Au contraire, si des congénères sont déjà en train de monter, la meilleure chose que vous puissiez faire *pour vous* consiste à attendre au sol et observer, ou vous positionner pour couper les voies de retraite. Ainsi, si au niveau collectif il semble qu'il y ait coordination, il pourrait n'y avoir au niveau psychologique aucune volonté d'agir dans un but commun ni de prendre en compte les intérêts de l'autre*. Pour Tomasello, « les chimpanzés n'ont pas le but commun d'attraper le singe ; ils ont le but personnel d'attraper le singe pour eux-mêmes ». La chasse des chimpanzés serait alors plus proche de la chasse des lionnes ou des loups que de la chasse des humains.

Cette interprétation est non seulement plus parcimonieuse, mais également confirmée par ce qui se passe après la chasse. Comment croyez-vous que le colobe soit partagé une fois attrapé ? S'il est assez petit pour être englouti rapidement, il y a de fortes chances pour qu'il ne soit pas du tout partagé. S'il est trop gros, tous les chasseurs convergeront vers la carcasse pour essayer d'en arracher un morceau. Un mâle,

---

* Vous pouvez aussi penser aux nuées d'étourneaux, qui de l'extérieur semblent nécessiter un chef d'orchestre et une organisation parfaite, mais que l'on a réussi à modéliser en supposant que chaque oiseau suit des règles très simples[19].

souvent de haut statut, essaiera de la monopoliser. Parfois, il pourra tolérer à sa table la présence d'un congénère (surtout si c'est une congénère d'ailleurs), qui lui prendra quelques morceaux[20]. Dans ces cas, on pourrait donc effectivement dire qu'un échange de nourriture a bien lieu, et certains chercheurs prennent ces échanges comme preuve que ces primates sont déjà bien moins égoïstes que le reste du monde animal[21]. Mais peut-on vraiment appeler cela un « partage » ? Ne devrait-on pas préférer le terme de « vol toléré » proposé par d'autres primatologues[22] ? Comment savoir ce qui se passe dans la tête du chimpanzé qui a capturé le colobe et *tolère* des convives ? Faut-il lui accorder de nobles intentions, et se dire que s'il ne partage pas activement, c'est parce que c'est inutile étant donné que ses invités se servent déjà tout seuls[23] ? Ou faut-il penser que se battre avec ses compagnons lui ferait perdre plus de temps qu'autre chose et lui ferait prendre le risque de perdre la carcasse entière ? N'est-ce pas dans son intérêt direct de se laisser voler ? Et quand bien même vous persisteriez à appeler le vol toléré du « partage », quelle différence entre ce partage passif et le partage humain actif, omniprésent dans toutes les sociétés de chasseurs-cueilleurs !

En dehors de la chasse, les chimpanzés ne sont pas beaucoup plus coopératifs. La viande reste un mets de luxe et, la plupart du temps, leur alimentation se compose de végétaux ramassés ou cueillis. Si la recherche de ces aliments se fait en petit groupe, une fois la ressource trouvée, c'est du chacun pour soi et à qui s'empiffrera le plus. Si des conflits éclatent, ils seront réglés par la force[24]. Les transferts de nourriture *actifs* sont extrêmement rares chez les primates. Même entre mère et enfant ! Ce geste qui nous paraît si anodin à nous, humains, de tendre de la nourriture à nos enfants, se rencontre très peu chez les chimpanzés. La plupart du temps, seuls des transferts passifs sont observés.

Et dans les autres espèces ? Chez l'espèce voisine des bonobos, censée être plus paisible, le partage du butin de la chasse ne se passe pas mieux : « Que ce soit chez les bonobos ou les chimpanzés, tout donne l'impression d'une propriété égoïste et gloutonne, combinée à du copinage rampant quand on en vient à partager cette nourriture la plus précieuse de toutes. Le processus général de partage semble déterminé par le pouvoir politique individuel et les alliances personnelles[25] », nous raconte Boehm. Chez les capucins, très peu de partage actif également et surtout du vol toléré : on voit même parfois certains capucins mettre la main sous le menton d'un congénère qui se goinfre pour récupérer les miettes qui en tombent[26] ! Chez le singe rhésus, le partage actif n'a pas non plus l'air d'être dans le répertoire des comportements. Si vous essayez de tendre une pomme à un singe rhésus, il se mettra probablement à grogner et à se montrer menaçant, avant de vous arracher le fruit de la main. Peut-être fallait-il lui éplucher ? L'éthologue Federica Amici et ses collaborateurs ont testé l'existence de comportements prosociaux chez six espèces différentes de primates : chimpanzé, bonobo, gorille, orang-outang, capucin, singe-araignée. Dans des conditions bien contrôlées et en utilisant deux tâches différentes de partage de nourriture, ils concluent : « Nos résultats ne procurent pas de preuve convaincante de prosocialité dans un contexte de partage de nourriture dans aucune des espèces testées[27]. »

Le chercheur Michael Tomasello abonde dans le même sens :

« Au final, la vie sociale des chimpanzés est immédiatement et urgemment structurée par une matrice de compétition sociale pour la nourriture, les partenaires sexuels et d'autres ressources. Ils coopèrent d'une certaine façon, bien sûr, mais presque tout le temps la clé pour comprendre leur coopération est la même matrice prédominante de compétition sociale. Dans leur passage en revue des dimensions majeures de la vie sociale des chimpanzés, Muller et Mitani observent que "la compétition représente l'élément moteur derrière la coopération des chimpanzés"[28]. »

Cette dernière remarque de Tomasello est importante. Il ne s'agit pas de dire que les chimpanzés et les autres primates ne coopèrent pas du tout. Les chimpanzés coopèrent pour patrouiller aux limites de leur territoire et faire la chasse aux bandes adverses. Ils coopèrent pour former des alliances et essayer de renverser la hiérarchie en place. Ils coopèrent pour s'épouiller les uns les autres. La question n'est pas tant : « coopèrent-ils ? » mais « est-ce que cette coopération est régulée par de la morale ? ».

Si vous lisez la littérature scientifique sur ce sujet, vous vous rendrez compte que deux camps s'opposent assez explicitement sur cette question. Après un passage en revue des expériences cherchant de l'équité chez les primates, Brosnan et de Waal, les chercheurs derrière l'expérience du concombre/raisin, concluent :

« Les espèces non humaines ont-elles un sens de la justice ? Nous pensons que la réponse est un "oui" nuancé. Elles montrent bien des comportements qui indiquent une sensibilité à leur propre traitement et au traitement des autres ; cependant, ces réponses ne sont pas déclenchées aussi régulièrement que chez les humains, et ne sont pas aussi fortes[29]. »

La même année, dans la même revue, et sur la base des mêmes données, les chercheurs Bräuer et Hanus remarquent aussi la sensibilité des primates à la façon dont les autres sont traités, mais concluent tout différemment :

« Les résultats [...] ne fournissent que des preuves faibles de l'existence d'un sens de la justice chez les primates non humains. Bien que les singes et les grands singes sont attentifs à ce que leur partenaire reçoit, ils ne semblent pas capables ni motivés à comparer leurs efforts et leurs traitements à ceux des autres au même niveau que ce qui se fait chez l'humain[30]. »

Ces interprétations opposées des mêmes données sont très troublantes (surtout quand on commence une thèse sur le sujet). Ce désaccord pourrait être dû au fait que chaque chercheur défend les expériences auxquelles il a participé, mais je ne veux pas faire de cette explication celle par défaut. Une autre possibilité est que la théorie morale sous-jacente de ces auteurs influe sur leur interprétation des données. Nous l'avons vu, Frans de Waal peut être classé comme un « continuiste », c'est-à-dire quelqu'un qui pense que la morale est un prolongement, qu'elle se construit sur d'autres capacités cognitives. C'est ce genre de vision qui pourrait le pousser à écrire que :

« La question de savoir si les animaux ont une morale est un peu comme la question de savoir s'ils ont une culture, une politique, un langage. Si l'on veut dire par là le phénomène humain pleinement développé, la réponse est certainement non. D'un autre côté, si on décompose les capacités humaines en leurs parties respectives, certaines peuvent être reconnues chez d'autres animaux[31]. »

En 2013, il n'avait pas changé d'avis :

« [Ces résultats] me font penser que la morale n'est pas autant une innovation humaine qu'on aimerait le penser. [...] En même temps, je suis réticent à appeler un chimpanzé un "être moral". Ceci parce que les sentiments ne suffisent pas. Nous aspirons à un système logiquement cohérent et avons des débats sur comment la peine de mort s'intègre avec le caractère sacré de la vie, ou si une orientation sexuelle non choisie peut être moralement mal[32]. »

Il est évident que si vous pensez que la morale peut être décomposée en briques élémentaires, et que certaines de ces briques s'appellent « empathie », « amour » ou « sympathie », vous allez avoir envie de conclure qu'une morale ou une « protomorale » existe chez le primate. Mais si vous pensez que ces capacités cognitives n'ont pas grand-chose à voir avec la morale, ou plus exactement qu'elles peuvent influer sur les entrées et sorties du sens moral mais sans en faire réellement partie, vous aurez beaucoup plus de mal à reconnaître l'existence d'un sens moral chez les autres animaux.

Si vous avez une vision « principaliste » de la morale, c'est-à-dire que vous pensez que la morale consiste à respecter un certain nombre de principes, cela peut également jouer sur votre propension à attribuer de la morale aux animaux non humains. Par exemple, l'humain moralise le respect de l'autorité – certains psychologues en ont même fait une des grandes fondations de la morale. Or quasiment toutes les espèces de primates et beaucoup d'espèces animales organisées en hiérarchie respectent aussi l'autorité, dans le sens où les dominés se gardent bien d'aller chercher des noises aux dominants[33]. L'humain moralise aussi le soin aux personnes vulnérables.

Or les soins aux petits se retrouvent chez quasiment tous les primates. L'humain moralise la loyauté au groupe. Or les chimpanzés forment des alliances et patrouillent leur territoire pour éloigner les bandes rivales. L'humain moralise la lutte contre les oppressions. Or il arrive que des chimpanzés dominants fassent la police dans leur groupe, intervenant pour séparer des membres qui se battent, et en particulier pour éviter que le plus faible ne se fasse trop aplatir.

A-t-on envie d'appeler tous ces comportements des comportements de justice ? Certains chercheurs en sont proches, comme Sarah Brosnan qui fait des comportements de poliçage que je viens d'évoquer une des « meilleures preuves en faveur de l'existence d'un sens de l'équité », puisqu'ils indiquent que « ces mâles reconnaissent les inégalités sociales dans les interactions des autres et sont prêts à agir contre leur intérêt à court terme pour les rectifier[34] ».

Mais que se passe-t-il dans la tête d'un chimpanzé qui intervient pour empêcher un confrère d'en tabasser un autre ? Pense-t-il qu'il faut lutter contre l'oppression et qu'il a le devoir d'intervenir ? Ou n'a-t-il juste pas envie de voir un des membres de son groupe être blessé ou s'enfuir ? A-t-il peur que cette escarmouche menace la stabilité de son groupe, et agit-il donc très égoïstement, sans considération pour les intérêts du malmené ? Que se passe-t-il dans la tête d'un chimpanzé qui évite d'embêter un mâle alpha ? Pense-t-il qu'il a le devoir de respecter son autorité, ou n'a-t-il juste pas envie de se prendre une rouste ?

De nouveau, faites-vous votre avis ! Mais retenez que si vous êtes véritablement à la recherche d'un sens moral, c'est-à-dire à la recherche d'une capacité psychologique et non pas simplement d'un comportement, la question que vous devez avoir en tête en permanence est la suivante : quel est le mécanisme psychologique le plus parcimonieux qui puisse expliquer ces comportements ? On ne saura peut-être jamais ce qui se passe dans la tête de nos amies les bêtes, mais tant qu'il restera une explication qui repose sur la défense de l'intérêt personnel, cette explication restera la plus parcimonieuse.

Arrivé à ce point, je sens que vous commencez à me trouver suspect. Cet entêtement à trouver des explications alternatives à l'existence d'une morale animale ne cacherait-il pas quelque chose ? Suis-je terrifié à l'idée de perdre mes privilèges humains ? Aurais-je été maltraité par un caniche pendant mon enfance ? Je tiens donc à préciser que non, je n'ai eu aucun problème pendant mon enfance (enfin si, il y a bien eu cette balade en poney dans le Lot qui a mal tourné, mais c'est pardonné depuis), et je n'ai aucun problème à accorder tout un tas de sentiments prosociaux aux animaux. En fait, j'en accorde même probablement plus que vous. Les comportements prosociaux, c'est-à-dire qui bénéficient aux autres, sont très nombreux dans la nature : les chimpanzés qui s'épouillent, les oiseaux qui aident à nourrir des oisillons qui ne sont pas les leurs, les abeilles qui se sacrifient pour leur colonie, les suricates qui donnent l'alerte, nous pourrions continuer la liste pendant des heures. Nous pourrions même y inclure des bactéries qui produisent des substances qui aident d'autres bactéries, ou des champignons qui fournissent des nutriments à des plantes. Non, je n'ai aucun problème à dire que les bactéries et les champignons ont des comportements coopératifs ! Quand on se focalise uniquement sur les effets de ces comportements, ce sont bien des comportements qui bénéficient aux autres[35].

Les comportements coopératifs sont *extrêmement* courants dans le monde vivant, j'insiste là-dessus. L'idée que la nature, c'est « la lutte de tous contre tous » est encore malheureusement très présente dans le grand public. Cependant, ce qui m'intéresse n'est pas de savoir s'il existe des comportements d'entraide ou des comportements coopératifs dans la nature. Ce qui m'intéresse, c'est de savoir s'il existe des comportements coopératifs *régulés par un sens moral*. Nous approchons du moment où nous pourrons donner une définition plus précise de tous ces termes et je sens que vous aimeriez bien que je crache le morceau, mais je vous demande encore un peu de patience. Retenez simplement que si j'insiste sur la distinction qui doit être faite entre altruisme et morale, entre coopération et morale, et entre entraide et morale, ce n'est pas parce que je me suis fait déféquer dessus par un pigeon à l'âge de 6 ans, mais parce que je trouve que ne pas faire ces distinctions a trop longtemps entravé l'avancée de la recherche sur ces sujets.

Inversement, je vous renverrai vos accusations de spécisme en vous demandant de ne pas trop dénigrer l'espèce humaine quand vous l'observez dans ses plus mauvais moments. Bien qu'elle soit capable du pire, notre espèce est remarquable par sa capacité à vivre en bonne intelligence, et il est probable que le sens moral n'y soit pas pour rien. L'éthologue Nicholas Thompson raconte comment ses étudiants avaient l'habitude de prendre les quelques énervements observés dans le métro comme preuve que la nature humaine n'est vraiment pas faite pour ces environnements modernes. Tout en oubliant que la plupart du temps, tout se passe très bien, alors qu'une rame de métro bondée constitue un espace restreint et clos où « des centaines de personnes de tous âges, sexe, ethnie, religion, vêtements sont compressées dans une intimité rarement partagée au sein même d'un couple, et encore moins avec des étrangers[36] ». Pour quelqu'un qui étudie le comportement animal, ce qui est surprenant, ce ne sont pas les quelques actes d'énervement que l'on observe parfois dans le métro, mais les centaines de fois où tout s'est bien passé avant, alors que l'hostilité de l'environnement aurait déjà mis à bout les nerfs de n'importe quelle autre espèce.

En gardant ces considérations en tête, revenons au titre de ce chapitre. Votre chien est-il un animal moral ? Chez d'autres animaux que les primates, a-t-on trouvé de la morale ? Beaucoup moins d'expériences sont disponibles, et celles qui existent souffrent des mêmes problèmes méthodologiques et difficultés d'interprétation. Vous devez donc les considérer avec encore plus de scepticisme. Mais si vous tenez vraiment à savoir, une étude a montré que les chiens pouvaient être sensibles à l'iniquité[37], quand une autre a montré le contraire[38]. *Idem* chez les oiseaux : une étude a révélé que les corvidés pouvaient être sensibles à l'équité[39], quand une autre a prouvé le contraire[40]. Enfin, une étude a cherché de l'équité chez des poissons et, roulement de tambour… n'en a pas trouvé[41].

Il semble donc qu'Adam Smith avait raison quand il indiquait qu'« on n'a jamais vu de chien faire de propos délibéré l'échange d'un os avec un autre chien[42] ».

Il semble qu'il faille aussi suivre Christopher Boehm dans son analyse de la morale canine :

« C'est avec un regret mélancolique que je dois informer les autres propriétaires de chiens fidèles que quand un air honteux fait écho à vos réprimandes, en toute probabilité vous êtes en train de projeter vos réactions morales humaines sur un canidé amoral. Un chien empathique peut se sentir mal à l'aise face à la réprimande, ou effrayé de la punition qui accompagne le non-respect d'une règle, et il peut le montrer de façon éloquente par son langage corporel, mais je suis raisonnablement certain qu'un sens de la honte ressemblant à celui de l'humain – et je veux dire par là une honte due à une identification émotionnelle morale forte à une règle importante qui n'a pas été respectée – ne joue aucun rôle là-dedans[43]. »

Mais *quid* des vidéos sur les réseaux sociaux ? Le chat rusé qui sauve un bébé poisson ? La lionne blasée qui adopte un bébé gazelle ? Ne serait-ce pas là des preuves incontestables de l'existence d'un sens moral ? Une nouvelle fois, la réponse à cette question va dépendre de ce qui se passe dans la tête de ces animaux. Un comportement d'aide n'est pas forcément produit par un sens moral. Imaginons que vous décidiez un jour de donner cinq euros à votre banquier, parce qu'il a oublié son portefeuille et se trouve dans l'impossibilité de payer son millefeuille à la boulangerie. Ce faisant, vous aurez aidé votre banquier, pas de doute. Vous lui aurez apporté des bénéfices. Un extraterrestre qui regarderait la scène sur son réseau social AlienBook pourrait s'extasier devant cette preuve de sens moral, et écrire en commentaire que « les humains sont bien supérieurs à nous, je suis dégoûté d'appartenir à l'espèce des Zblorgs ». Et pourtant, en tant qu'humains, nous n'irions pas dire que donner cinq euros à une personne qui roule déjà sur l'or est un geste particulièrement moral. Un geste altruiste, peut-être. Un geste généreux, peut-être. Mais un geste moral ? Nous revenons à la distinction entre morale et générosité et à la notion d'*équilibre* de la morale que nous avons vue au chapitre 6. La morale possède souvent des limites et prend en compte beaucoup de paramètres. Faire quelque chose qui bénéficie aux autres n'est pas suffisant pour être qualifié de moral. Dans le cas de l'aide, le besoin de la personne aidée sera souvent considéré comme un critère primordial (donner cinq euros à son banquier ou à un SDF est financièrement mais pas moralement la même chose).

Attention donc à ne pas prêter de motivation morale à tout animal qui fait une *bonne action*, qui fait quelque chose qui bénéficie aux autres. Quand une abeille aide sa colonie en piquant un intrus qui s'approche trop de la ruche, on pourrait imaginer qu'elle s'est fait un devoir moral de défendre sa colonie. Une autre explication, sûrement plus parcimonieuse, est que l'abeille est programmée pour attaquer automatiquement tout intrus qui vient l'embêter d'un peu trop près, sans que cette décision ait été produite par un sens moral. Le même raisonnement fondé sur de la parcimonie doit être appliqué aux espèces prétendument plus évoluées que les abeilles, comme les mammifères et les primates. Quand vous sortez dans la rue et que vous voyez que le sol est mouillé, vous pensez qu'il a plu et non pas qu'un camion-citerne rempli d'eau a explosé devant votre porte. Vous choisissez l'hypothèse la plus parcimonieuse. Il faut essayer de faire pareil en étudiant le comportement animal, même si c'est difficile parce que les actes des animaux nous font penser à des états mentaux que nous ressentons personnellement.

Un animal peut donc avoir beaucoup de motivations autres que morales pour en aider un autre. L'instinct maternel ou paternel, ou l'instinct familial plus généralement, sont des motivations courantes. La sélection de parentèle, dont nous avons déjà parlé, explique pourquoi on s'attend à retrouver beaucoup de comportements d'entraide entre individus apparentés, sans qu'ils aient besoin d'être produits par un sens moral. Dans les vidéos montrant de l'aide intra-espèce (les phacochères qui s'entraident pour faire fuir un crocodile par exemple), il y a de fortes chances pour que tout le groupe qui s'entraide soit similaire génétiquement, et qu'on se trouve donc *bêtement* en présence d'un père ou d'une mère ou d'un oncle qui aide un membre de sa famille à survivre.

Les choses deviennent plus intéressantes quand l'aide est apportée à une espèce différente, comme quand un ours sauve un oiseau de la noyade. La sélection de parentèle n'est plus applicable ici, car ce mécanisme a besoin d'une proximité génétique forte entre l'aidant et l'aidé pour fonctionner. Néanmoins, tant que ces exemples d'aide interespèce restent rares, nous n'avons pas besoin de faire intervenir de sens moral pour les expliquer. Illustrons cela avec l'exemple du coucou.

Le coucou pond ses œufs dans le nid d'autres oiseaux, en espérant que ceux-ci s'en occuperont et nourriront les oisillons comme si c'était les leurs. Une des espèces souvent « parasitées » de cette façon répond au doux nom de rousserolle effarvatte. Très souvent, le plan du coucou fonctionne : la rousserolle nourrit les bébés coucous alors même que ceux-ci sont bien plus gros qu'elle (n'hésitez pas à chercher des photos sur le Web, la différence de taille est impressionnante). Doit-on en conclure que la rousserolle a un sens moral incroyable et qu'elle choisit de nourrir des oisillons qu'elle sait ne pas être les siens parce qu'elle ne veut pas les abandonner ? Si vous voulez. Mais une autre explication, probablement plus simple, est que la rousserolle agit comme elle est programmée pour le faire, c'est-à-dire nourrir toutes les boules de plumes qui se trouvent dans son nid. Ce n'est pas une stratégie si *bête*, d'ailleurs. La plupart du temps, les oisillons qui se trouvent dans son nid sont ses propres bébés. Étant donné cette régularité, il est normal que la sélection naturelle ait abouti à un comportement de nourrissage pas si plastique que ça*. De la même façon, beaucoup d'exemples d'entraide interespèce peuvent être expliqués par un animal qui se comporte de manière habituelle et obéit à ses instincts, comme nourrir ses petits ou défendre son territoire. Ce faisant, il arrive que son comportement devienne bénéfique à un individu d'une autre espèce, sans qu'un sens moral soit entré en jeu. Ce comportement bénéfique n'est qu'un *sous-produit* d'une autre capacité cognitive.

Enfin, les comportements d'entraide interespèce peuvent aussi être dus à des circonstances très particulières qui ne sont connues que des spécialistes. Dans le cas de la lionne qui adopte une gazelle (un exemple réel, allez voir sur YouTube), les spécialistes racontent que la lionne, trop vieille, venait de se faire exclure de sa tribu et cherchait un peu de réconfort auprès d'une gazelle, dans une relation geôlier/prisonnier plus que mère/fille. On rejoint ici un problème que l'on a déjà vu avec les sociétés humaines. De l'extérieur, il nous manque souvent des informations pour bien comprendre une situation. On pourrait aussi faire remarquer que si ces vidéos d'entraide interespèce sont autant relayées sur les réseaux sociaux, c'est précisément parce qu'elles sont rares, et on peut donc douter du fait que ces

* D'autres espèces d'oiseaux souvent parasitées ont des stratégies de protection qui limitent le parasitage : attaque des coucous qui s'approchent trop près du nid, destruction des œufs qui ne ressemblent pas assez aux leurs… Leur comportement n'est pas si *rigide* que ça et la sélection naturelle peut produire de la plasticité quand les conditions sont réunies.

curiosités soient produites par un sens moral qui serait présent de façon permanente dans la tête de nos amies les bêtes.

Sans transition, mais puisqu'on parle d'animaux, j'ai envie de répondre à une question que certains d'entre vous doivent se poser. Si la morale est une question de régulation de la coopération humaine, comment se fait-il que nous moralisions beaucoup d'actions qui concernent les animaux, alors qu'ils ne pourront jamais nous rendre la pareille ? Pourquoi sommes-nous prêts à accorder des droits aux animaux ? Pourquoi jugeons-nous bien ou mal ce qu'on leur fait subir, comme s'il s'agissait d'autres humains ? Une des réponses possibles est que les animaux sont comme l'aspartame. L'aspartame est une molécule qui n'existe pas dans la nature : c'est un sucre de synthèse. Si la reconnaissance des sucres naturels (glucose, fructose, etc.) est la raison pour laquelle notre sens du goût a évolué, ce sens est aussi activé par l'aspartame qui est reconnu comme une molécule sucrée, en raison de certaines propriétés chimiques communes avec les sucres naturels. Autrement dit, nos sens peuvent être activés par une gamme de stimuli plus large que celle dont la détection s'est révélée conférer des avantages de survie au cours de l'évolution. Un autre exemple concerne la détection des serpents. Quand vous sursautez à la vue d'un tuyau d'arrosage dans l'herbe en pensant que c'est un serpent, c'est parce que votre cerveau a reconnu certaines propriétés d'un objet qui lui ont fait traiter cet objet d'une manière particulière. Les ondulations d'un tuyau d'arrosage rappellent les ondulations des serpents, ce qui vous fait sursauter, alors qu'il n'y a aucune raison d'avoir peur d'un tuyau. Les animaux, avec leurs petites bouilles mignonnes, leur sympathie pour les humains et les nombreuses joies qu'ils nous apportent, cochent pas mal de cases qui font que notre cerveau les reconnaîtra comme des « humains », tout du moins comme des êtres vivants envers lesquels nous avons des devoirs*.

Terminons ce chapitre en évoquant les travaux qui pourraient nous permettre de dater l'apparition d'un sens moral. Si l'humain a un sens moral et que nos plus proches cousins primates n'en ont pas, ce sens a dû apparaître au cours des six derniers millions d'années. Est-il possible d'être plus précis ? Vous vous en doutez, il est très difficile de répondre à cette question. La psychologie humaine ne se fossilise pas. Néanmoins, cette dernière produit des comportements et ceux-ci agissent sur le monde. Indirectement, la psychologie agit donc sur le monde. Certains archéologues se revendiquent même de l'« archéologie cognitive », une archéologie qui permet d'éclairer l'évolution de la psychologie humaine en se focalisant sur les artefacts retrouvés lors de fouilles[44]. Cela se fait déjà beaucoup en ce qui concerne le langage et la religion. Mais qu'en est-il de la morale ? Est-il possible de dater, même approximativement, son apparition ?

Certaines recherches fascinantes semblent indiquer que oui. Par exemple, on pourrait chercher à partir de quelle époque se retrouvent des squelettes d'humains qui ont vécu beaucoup plus longtemps qu'ils n'auraient dû. Repérer des personnes qui ont souffert de graves blessures ou d'infections, mais ont malgré tout survécu longtemps après leur blessure (ce qui peut s'inférer en étudiant la croissance ou la cicatrisation

* Rappelons quand même que cela est encore loin d'être le cas partout dans le monde à l'heure où j'écris ces lignes, ce qui tendrait à montrer que notre cerveau a plus de mal à moraliser les animaux que les humains.

osseuse) nous permettrait, indirectement, de dater l'apparition d'un sens moral, car cela voudrait dire que d'autres personnes ont dû s'occuper du blessé. Nous savons déjà que dans les populations actuelles de chasseurs-cueilleurs, de nombreux individus se blessent au cours de leur vie et que certaines de ces blessures auraient été fatales si personne ne s'était occupé du blessé, notamment pour le nourrir[45]. Or, nous l'avons vu, les chimpanzés et la plupart des primates ne partagent pas ou peu la nourriture. Identifier des blessures graves cicatrisées indiquerait un possible partage de nourriture et par là même l'existence possible d'un sens moral !

Une autre approche tout aussi fascinante consiste à étudier non pas les squelettes humains, mais ceux d'animaux mangés par des humains. L'archéologue Mary Stiner fait remonter à – 250 000 ans l'époque où nos ancêtres ont commencé à incorporer régulièrement de la viande à leurs repas[46]. Vers – 250 000, les carcasses de gros gibiers sont en effet beaucoup plus présentes dans les restes de repas. C'est déjà une information importante, car qui dit gros gibier dit beaucoup de viande à partager, et coopération intense (les chimpanzés ne chassent pas grand-chose d'autre que des petits animaux d'ailleurs). Mais on peut faire encore mieux que ça ! Les archéologues ont remarqué qu'entre – 400 000 et – 200 000, les traces d'objets tranchants laissées sur les os du gros gibier avaient évolué[47]. En – 400 000, les marques sont diverses, chaotiques, comme si de multiples personnes s'étaient acharnées sur les carcasses, se taillant un morceau de viande avec leurs propres techniques et leurs outils particuliers. En – 250 000 au contraire, les marques sont plus régulières, et surtout orientées de telle façon qu'on suppose qu'elles ont toutes été réalisées par une même personne. Cela rappelle fortement la façon dont est encore distribuée la viande aujourd'hui dans de nombreuses sociétés de chasseurs-cueilleurs : une personne est souvent dédiée à cette tâche et la viande est considérée comme la propriété de tous[48]. Ces indices sur la date d'apparition du sens moral sont évidemment à prendre avec des pincettes, mais ils montrent l'ingéniosité des archéologues et des paléontologues pour étudier la façon dont les comportements, et indirectement la cognition, peuvent se fossiliser.

Ce qu'il faut retenir

Les expériences de partage de nourriture ayant cherché de l'équité chez les animaux non humains ont des résultats contradictoires et des problèmes méthodologiques importants. La plupart des comportements observés peuvent être expliqués par autre chose qu'un sens moral au niveau psychologique : de la jalousie, de l'envie ou de la frustration, des explications plus parcimonieuses. Bien que les comportements d'entraide et de coopération soient extrêmement courants dans la nature, ils ne permettent pas de conclure à l'existence d'un sens moral dans la tête des animaux. Chez les primates en particulier, la coopération semble encore très fondée sur de l'égoïsme au niveau psychologique. Finalement, les preuves de l'existence d'un sens moral chez les animaux non humains sont à l'heure actuelle assez minces, sauf si votre théorie de la morale vous fait considérer que des sentiments comme l'instinct parental et l'empathie sont intrinsèquement moraux.

8
EXISTE-T-IL DES EXTRATERRESTRES MORAUX ?

« La nature n'est ni morale ni immorale, elle est, radieusement, glorieusement, amorale. »

Théodore Monod, *Carnets*, 1929

Imaginez qu'on vous offre un voyage dans un petit pays dont vous n'avez jamais entendu parler. Avion, hôtel et cocktails sont inclus, c'est formidable et vous sautez dans le premier avion disponible, excité comme un acarien au salon de la moquette.

Une fois sorti de l'avion, vous vous rendez compte que ce pays a des mœurs étranges. Aux toilettes, une personne se fait tuer devant vous parce qu'elle n'allait pas assez vite en besogne. Dans la file de taxis, un conducteur achève un de ses clients parce qu'il n'avait pas d'argent pour le régler. À l'hôtel, personne ne s'inquiète que des corps sans vie soient entassés dans un coin, attendant la tournée du prochain camion de ramassage des cadavres.

Et personne ne trouve ça anormal. Les autochtones ne voient pas de problème à s'entretuer et trouvent que c'est un moyen comme un autre de régler des différends. Ils ont même des lois qui encadrent la pratique du meurtre.

Voilà un paquet de questions pour vous maintenant. Pensez-vous que l'on puisse dire que dans ce pays, il soit moralement *bien* de tuer ? Dans un pays où tout le monde aime tuer et où les lois le permettent, est-ce que tuer devient quelque chose de bien* ? Ou pensez-vous au contraire que peu importe ce que les gens en pensent, peu importe ce qu'une société aime et peu importent les lois d'un pays, l'acte de tuer possède certaines propriétés qui font que cela restera toujours mal ? Pensez-vous que la morale soit fondée sur des *faits*, des faits fondamentaux et universels comme ceux que s'attache à découvrir la science, ou qu'elle soit au contraire fondée sur les préférences, croyances et conventions sociales d'un peuple ? Est-ce que l'affirmation « tuer, c'est mal » est plutôt similaire à l'affirmation « les épinards, c'est mauvais » ou à l'affirmation « les épinards sont une plante » ? Quand vous dites que tuer, c'est mal, pensez-vous que ce jugement ne représente que votre avis sur la question, ou qu'il soit objectivement vrai de dire que tuer, c'est mal ? Si une personne dit que « tuer, c'est mal » et qu'une autre dit que « tuer, c'est bien », est-ce que ça a du sens de dire que l'une des deux se trompe ? Pensez-vous

* Si vous n'aimez pas voyager dans l'espace, voyagez dans le temps. Pensez-vous que l'esclavage était une bonne chose à l'époque romaine où la plupart des gens pensaient que c'était une bonne chose ?

qu'il existe des états de l'Univers intrinsèquement meilleurs que d'autres ?

Imaginez un énorme livre qui contiendrait toutes les lois de l'Univers, la relativité générale, la théorie de l'évolution, les principes de la thermodynamique, absolument tout. Pensez-vous que dans ce livre se trouveraient aussi des principes *moraux*, que la science finira par découvrir ? Et pensez-vous que même si aucun humain n'existait dans l'Univers, ces principes moraux resteraient vrais ?

Que de questions bizarres… Il n'y a guère que des philosophes pour se les poser. Ainsi que vous, à partir de maintenant. Vous avez mis le doigt dans l'engrenage vertigineux de la question du réalisme moral.

Dans ce débat, on distingue généralement deux camps. Les réalistes moraux penchent pour l'objectivité de la morale et son existence dans l'Univers indépendamment de l'existence des humains. Les antiréalistes pensent au contraire qu'il n'y a pas de valeurs morales objectives dans l'Univers.

Traditionnellement, les approches évolutionnaires de la morale sont considérées comme antiréalistes[1]. En effet, si c'est l'évolution qui explique la morale, plus besoin de postuler l'existence de faits moraux indépendants. Si la morale est un simple produit de notre histoire évolutive, nous aurions pu en avoir une différente si notre histoire évolutive avait été différente. L'écrivaine et militante Frances Cobbe, contemporaine de Darwin, le résume ainsi :

« [Une explication darwinienne de la morale] porte un coup fatal à l'éthique, en affirmant que non seulement notre sens moral nous vient d'une source qui n'inspire pas de respect particulier, qu'il ne répond à aucune réalité externe durable, universelle et éternelle, mais qu'il n'est que provisoire, le préjugé provincial, pourrait-on dire, de ce petit monde et de ses habitants temporaires, qui serait regardé de haut avec un sourire narquois par des personnes mieux informées vivant en ce moment sur Mars[2]. »

De plus, nous avons déjà vu qu'une approche naturaliste peut expliquer non seulement pourquoi la morale ne vient pas d'une source objective, mais pourquoi nous avons l'impression que si : c'est parce qu'elle est produite rapidement, automatiquement et inconsciemment par un sens moral qui travaille sans nous demander notre avis.

Sans remettre en cause ces interprétations, je souhaite vous présenter une autre façon de concilier naturalisme et morale, qui ne fait pas complètement disparaître le réalisme. Le lien précis entre réalisme moral et évolution dépend fortement de la théorie de la morale que vous favorisez : chaque naturaliste aura donc un avis différent sur la question. Pour ma part, je vais surtout essayer de tirer les conséquences de la théorie des coûts d'opportunité, sans suggérer que ces conséquences soient acceptées par tous.

À première vue, beaucoup de gens sont réalistes moraux. Ils sentent bien que ce n'est pas la même chose de dire « les épinards, c'est bon », que de dire « laisser un enfant se noyer, c'est bien ». Si quelqu'un vous soutient que les épinards, c'est bon (alors que vous pensez le contraire), vous allez dire « ok, pourquoi pas, c'est ton avis, chacun ses goûts, ça n'est ni vrai ni faux ». Mais si quelqu'un avance que laisser se noyer un enfant, c'est bien, vous allez probablement le rejeter fortement et ne même pas envisager qu'il puisse avoir raison.

D'un autre côté, quand on y réfléchit, le réalisme moral est bizarre. Qu'il puisse y avoir des faits moraux découverts par la science est étrange. David Hume l'avait bien remarqué, en nous rappelant qu'il n'est logiquement pas possible d'inférer un « doit » à partir d'un « est »[3]. La seule chose que nous apprend la science, c'est ce qui *est* dans l'Univers. La seule chose à laquelle nous avons accès, nous autres pauvres humains, c'est ce qui *est* dans le monde. Nous voyons que, tiens, un enfant est en train de jouer au bord de l'étang. Nous apercevons que, tiens, cet enfant se penche maintenant au-dessus de l'eau. Nous voyons qu'il est maintenant tombé dans l'eau et qu'il est en train de se noyer. Et là, tout à coup, nous pensons que nous *devons* sauver cet enfant. Mais comment a-t-on fait le saut de ce qui est à ce qui doit être ? Comment est-on passé de cette série de descriptions du monde, de ce qui *est*, à une injonction sur ce qu'il *faut* faire ? Il est logiquement impossible de faire ce saut sans avoir recours à des prémisses morales qui n'étaient pas incluses dans la description du monde, c'est là tout l'argument de Hume.

Comment faire pour expliquer ce saut du « est » au « doit » ? En appelant la théorie de l'évolution à la rescousse, comme d'habitude. Ce qui nous fait passer de ce qui est à ce qui doit être, c'est l'évolution qui a façonné nos cerveaux pour ressentir certaines émotions face à certaines situations. Reprenons notre analogie avec les sens perceptifs. Essayez de concevoir dans votre esprit la sensation de couleur rouge, ce que vous ressentez dans votre cerveau quand vous voyez du rouge. Cette sensation n'existe pas objectivement dans l'Univers, c'est une construction de votre cerveau. Mais il y a une chose qui existe objectivement, c'est la longueur d'onde associée à la couleur rouge. Une fois traitée par nos cerveaux, cette longueur d'onde se transforme en sensation de couleur rouge.

Prenons encore l'exemple du goût. Les aliments objectivement bons n'existent pas. Vous ne trouverez jamais dans le grand livre imaginaire qui regroupe toutes les lois de l'Univers une liste d'aliments qui sont objectivement bons, en tout temps et tous lieux, pour tous les êtres vivants qui en auraient goûté. En revanche, il existe dans l'Univers des aliments objectivement riches en énergie, ou qui possèdent certaines propriétés objectivement utiles à certains êtres vivants. Notre cerveau est façonné de sorte à repérer ces aliments dans l'univers et sa façon de nous indiquer qu'on est en leur présence est de nous procurer du plaisir quand on les goûte.

Le même raisonnement peut être appliqué pour la morale. J'ai défendu au chapitre 6 l'idée que notre cerveau a été façonné pour repérer certaines situations où des coûts d'opportunité ne sont pas remboursés, et que le résultat psychologique de ce façonnage s'appelle le « sens moral ». Si vous n'avez pas été convaincu, vous pouvez remplacer cette conception de la morale par une autre qui a vos faveurs, cela n'a pas beaucoup d'importance pour la démonstration. Pour simplifier, et parce que c'est moi qui écris ce livre, nous ferons comme si j'avais raison et que la morale est réellement une affaire de coûts d'opportunité. Dans ce cas, nous pouvons remarquer que ces situations où des coûts d'opportunité ne sont pas remboursés sont des états *objectifs* de l'Univers. Ce sont des états très durs à mesurer, parce que les coûts d'opportunité sont très difficiles à cerner. Mais en théorie, un chercheur qui connaîtrait tout de la vie d'un être vivant devrait être capable de dire que cet organisme avait telle opportunité au départ, qu'en faisant tel choix il a reçu tel bénéfice, et qu'au final il a donc été, ou n'a pas été, remboursé de ses coûts d'opportunité. En théorie, nous devrions être capables, objectivement, par un calcul, de déterminer si un organisme a été remboursé de ses coûts d'opportunité ou non dans une certaine situation. Même si l'humanité était supprimée d'un claquement de doigts, même si plus personne dans l'Univers n'était capable de ressentir d'émotions morales, il resterait des organismes qui payent effectivement des coûts d'opportunité et d'autres qui n'en payent pas ; bref, il resterait de la morale dans l'Univers.

C'est l'occasion de ressortir la distinction entre motivations ultimes et proximales. Si vous demandez à un biologiste, ou tout du moins à un biologiste qui pense à peu près comme moi, si la morale existe de façon objective dans l'Univers, il devrait vous répondre que cela dépend de ce dont vous parlez quand vous utilisez le mot « morale ». Si vous parlez de la *sensation de morale* que l'on ressent dans notre tête, alors la réponse est probablement non. Si vous supprimez l'humanité, cette sensation disparaît de l'Univers. C'est la position antiréaliste classique, qui postule que les émotions colorent le monde de valeurs comme le sens de la vue colore le monde… de couleurs. Cependant, si vous parlez des stimuli que l'algorithme moral a appris à détecter au cours de l'évolution, alors ceux-ci persistent dans l'Univers, que l'humanité y soit présente ou non, tout comme la longueur d'onde du rouge ne disparaît pas si on supprime tous les organismes capables de voir le rouge. C'est en ce sens qu'un biologiste pourrait dire que la morale existe de façon objective dans l'Univers et que le réalisme moral n'est pas une position complètement farfelue.

Ce qui nous amène à la question des extraterrestres qui viennent envahir la Terre. Nous avons étudié la morale des animaux au chapitre précédent. Mais pourquoi s'arrêter aux animaux terrestres ? Pouvons-nous dire des choses de la morale des animaux extraterrestres ? Imaginez que, demain, des extraterrestres débarquent sur Terre avec comme intention de détruire l'humanité et, qu'armé de mon courage légendaire, j'aille au-devant d'eux leur dire « hé ben dites donc, c'est pas très moral ce que vous vous apprêtez à faire ». À votre avis, quelle est la probabilité que ces extraterrestres comprennent ce que j'essaie de leur dire ? Vont-ils buter sur le mot « moral », qui n'aura aucun sens pour eux, ou sauront-ils parfaitement que ce qu'ils s'apprêtent à faire est « mal » ? Quelles sont les chances pour que ces extraterrestres soient des êtres moraux, qu'ils comprennent ce qu'est le bien et le mal, et que je ressorte en un seul morceau de leur vaisseau ?

Selon moi, ces chances pourraient être… élevées. Il est probable qu'un extraterrestre qui débarque demain sur Terre soit doué d'un algorithme cognitif qui lui ferait voir le monde de façon morale et d'un algorithme de calculs de coûts d'opportunité en particulier. Pourquoi ? Parce que si une espèce extraterrestre débarque sur Terre, ce sera forcément une espèce extrêmement coopérative. On ne construit pas des vaisseaux spatiaux et on ne part pas en voyage intergalactique en bricolant trois fils de fer dans son coin, n'en déplaise à MacGyver. C'est une prouesse qui nécessite une coopération intense. Or, une coopération intense n'est possible que si les coopérateurs sont dotés d'un algorithme cognitif capable de réguler cette interaction. En effet, si quand je coopère avec vous vous ne me remboursez pas de mes coûts d'opportunité, je vais arrêter de coopérer tout simplement. Je n'ai aucun intérêt à vous aider si vous ne compensez pas les coûts que je paye ce faisant. (Rappelez-vous aussi ce qu'on a vu au chapitre précédent. Les chimpanzés peuvent collaborer pour tirer sur un plateau où se trouve de la nourriture, mais quand la nourriture peut être monopolisée, un des deux chimpanzés se fait toujours avoir et arrête de coopérer.)

Théoriquement comme empiriquement, quand la coopération n'est plus régulée par un sens moral, plus personne ne veut coopérer (plus exactement, les plus faibles ne veulent plus coopérer). Sans une morale épanouie, la coopération s'évanouit. Si des extraterrestres ont réussi la prouesse de construire un vaisseau spatial, s'ils ont atteint un niveau de civilisation aussi avancé, cela ne semble possible que s'ils sont équipés cognitivement d'un algorithme qui permet de rendre la coopération mutuellement avantageuse : s'ils sont équipés d'un sens moral. Des extraterrestres qui nous rendraient visite sur Terre seraient donc probablement des êtres moraux*.

Peut-être que, dans leur tête, ces aliens ne ressentiront pas exactement la même chose que nous, humains, peut-être que la sensation que leur procure leur algorithme sera différente. Mais leur algorithme devrait réagir aux mêmes choses, aux coûts d'opportunité, parce que les lois de l'évolution sont les mêmes partout dans l'Univers (en tout cas, nous n'avons pas de bonnes raisons d'en douter). Le principe de ne pas payer de coût d'opportunité vaut non seulement sur Terre, mais aussi partout dans l'Univers. Comme le formule Nicolas Baumard, « toute entité qui essaie de se répliquer

* Ne vous réjouissez pas trop vite. Ils pourraient quand même décider de nous éparpiller par petits bouts façon puzzle, car ce n'est pas parce qu'on possède un sens moral qu'on se comporte forcément de façon morale, rappelez-vous des bisounours.

et base sa stratégie de survie et reproduction sur la coopération sera confrontée au même problème que les humains : être égoïste et être écarté de la coopération, ou être juste et apprécier les bénéfices de la coopération[4] ». Tout être vivant qui coopère beaucoup et cherche à maximiser le nombre de copies de ses gènes passées à la génération suivante doit chercher à être remboursé de ses coûts d'opportunité et à rembourser ceux des autres. Le jour où vous rencontrerez un extraterrestre, saluez-le de ma part, et si vous avez du mal à lui faire comprendre le sens du mot « moral », essayez de lui expliquer cette histoire de coûts d'opportunité. Cela pourrait vous éviter bien des ennuis.

Chose encore plus incroyable, un extraterrestre pourrait avoir plus de chances de connaître la sensation de morale que la sensation de couleur rouge. La sensation de rouge peut en effet dépendre des récepteurs disposés au fond de l'œil. Peut-être que les récepteurs des extraterrestres ne seront pas exactement les mêmes que ceux des humains, à cause des hasards de l'évolution, ou peut-être que l'environnement dans lequel ils ont évolué fait que distinguer la couleur rouge n'a pas été un enjeu aussi important que sur Terre (ce que les biologistes appelleraient une « pression de sélection » moindre). Peut-être que ces extraterrestres voient exactement les mêmes couleurs que les humains sauf le rouge, ou peut-être en voient-ils beaucoup d'autres ; différents découpages sont imaginables dans le cas de la perception des ondes lumineuses. Par contre, il n'y a pas trente-six sortes de coûts d'opportunité. Un coût d'opportunité est un coût d'opportunité, sur Terre comme sur Mars, et il y a donc plus de chances que l'on soit tous équipés du même algorithme permettant de les détecter.

Enfin, serait-il possible d'expliquer la morale non pas à un extraterrestre mais à un robot ? Est-il possible de faire comprendre ce qu'est la morale à une intelligence artificielle ? Un tas de circuits imprimés pourrait-il *prédire* nos actions morales ? Le tout, bien sûr, autrement qu'en implémentant dans ce robot des milliards de règles morales telles que « c'est mal de tuer dans la condition X et Y, mais acceptable dans la situation Z ». Bref, peut-on faire des robots des êtres moraux ? À première vue, la réponse est non. Si nous ne fournissons pas de règles *déjà morales* telles que « tuer, c'est mal », au robot, la seule chose que nous pouvons lui fournir, ce sont des informations sur l'état du monde. Nous retombons alors sur le problème évoqué par Hume, l'impossibilité de deviner ce qui *doit* être simplement à partir de ce qui *est*.

Sauf si… vous fournissez au robot l'information que les humains sont des êtres vivants, qu'ils ont été façonnés par la sélection naturelle et qu'ils cherchent à maximiser leurs chances de survie et de reproduction (inconsciemment toujours). Cette information est capitale ! Le concept de coût d'opportunité n'a de sens que dans une perspective de maximisation de quelque chose. Être remboursé de ses coûts d'opportunité n'est important que s'il est nécessaire de maximiser quelque chose. En biologie, ce que les êtres vivants maximisent, ou ont l'air d'essayer de maximiser pour être plus précis, c'est ce qu'on appelle la « valeur sélective » : le nombre de descendants laissés à la génération suivante. Pour qu'un robot comprenne pourquoi un humain va décider de sauver un enfant qui se noie, il faut qu'il comprenne que l'enfant est en train de payer un coût d'opportunité ; pour comprendre le concept de coût d'opportunité, il faut comprendre qu'il y a une recherche de maximisation quelque part ; et pour comprendre d'où vient cette maximisation, il faut savoir que les humains sont à la base des tas de molécules qui se comportent comme s'ils devaient maximiser le nombre de copies d'eux-mêmes qu'ils laissent à la génération suivante.

Ceci explique pourquoi au final, même si parler de morale « objective » dans l'Univers ne me dérange pas, la notion de coûts d'opportunité n'ayant pas de frontières, il faut quand même rappeler que cette notion est liée à l'existence d'êtres vivants, à l'existence de *trucs* qui ont été façonnés pour maximiser leurs chances de reproduction. S'il n'y avait que des cailloux dans l'Univers et aucun être vivant, la notion de morale n'aurait plus de sens. Mais un univers dénué d'êtres vivants serait-il encore un univers ? Plus précisément, serait-il encore *notre* Univers ? Ce n'est qu'en répondant à ces questions que vous pourrez finalement décider si vous vous rangez plutôt du côté des réalistes moraux ou des antiréalistes moraux.

Ce qu'il faut retenir

Des extraterrestres qui viendraient nous dire bonjour (par opposition à d'autres que l'on irait visiter) seraient probablement des supercoopérateurs pour avoir réussi à construire des vaisseaux spatiaux. Il est probable qu'une telle coopération ne soit pas possible sans morale pour la réguler. Si les extraterrestres sont des êtres vivants soumis à la sélection naturelle, ce dont nous n'avons pas de raison de douter, il est donc probable qu'ils aient d'abord dû développer un sens moral avant de pouvoir être capables de construire leurs vaisseaux.

9
DES RAISONNEMENTS... NON RAISONNABLES

> *« Les vents de l'argumentation utilitariste soufflent dans trop de directions. »*
>
> GEORGE SHER, *Justifying Reverse Discrimination in Employment*, 1975

C'est la fin du printemps et votre jardin aurait bien besoin d'être tondu. Jérémie Bantame, le fils de votre voisin, propose ses services en échange d'un billet de 20 euros. Vous acceptez et, le jour convenu, Jérémie passe l'après-midi à consciencieusement transformer votre jardin en pelouse du parc des Princes. Le résultat est impeccable et vous sortez le billet de votre poche. Mais au moment de le tendre… vous vous rappelez que vous êtes utilitariste. Vous vous rappelez que votre but dans la vie est de maximiser le bonheur du plus grand nombre. Qu'avec les 20 euros que vous vous apprêtez à donner, vous pourriez acheter dix filets antimoustiques à des enfants exposés à la malaria. Et sauver des enfants de la malaria, ça paraît produire bien plus de bonheur que de payer Jérémie qui a déjà une vie aisée et passe ses journées à construire un panoptique en Legos. En plus de ça, vous savez que Jérémie est un garçon gentil et réservé qui n'ira pas crier sur tous les toits que vous ne l'avez pas payé. Enfin, il ne sera que très peu affecté personnellement, car son réservoir de confiance dans l'humanité est aussi profond qu'une fosse océanique. La décision est donc prise. Malgré la promesse que vous lui avez faite et malgré les heures que Jérémie vient de passer à travailler pour vous, les 20 euros que vous deviez lui donner iront aux enfants exposés à la malaria. La maximisation du bonheur passe avant tout.

L'utilitarisme est une théorie morale et politique développée par les philosophes Jérémy Bentham et John Stuart Mill aux XVIIIe et XIXe siècles. Dans sa formulation la plus simple, cette théorie nous dit que le but de la morale devrait être la maximisation du bonheur du plus grand nombre. Pour savoir comment vous comporter, vous devez faire un calcul des conséquences qu'auront vos actes et choisir le comportement qui produira le plus de bonheur ou le moins de malheur possible. Par exemple, pour savoir s'il est acceptable de tuer une personne pour en sauver cinq, vous calculez quel malheur résulte de la mort d'une personne et quel malheur résulte de la mort de cinq. Généralement, la mort de cinq personnes causant plus de malheur que la mort d'une seule, vous concluez qu'il est moral de sacrifier une vie pour en sauver cinq.

Contrairement aux autres théories morales que nous avons vues jusqu'ici, l'utilitarisme a été développé en tant que théorie normative plus que descriptive. Ce système moral a été très populaire depuis le XIXe siècle et garde toujours les faveurs d'un quart des philosophes contemporains à peu près[1]. L'utilitarisme est aussi sorti des cercles universitaires ces dernières années grâce aux associations de défense des droits des animaux (qui invitent à inclure la souffrance animale dans nos calculs de conséquences) et au développement de mouvements comme l'altruisme efficace (qui invitent à prendre en compte l'efficacité d'un don lorsque l'on choisit à quelle œuvre caritative donner).

Sur de nombreux aspects, l'utilitarisme est en effet séduisant. En premier lieu, il permet de se passer de l'existence d'une autorité centrale pour justifier la morale. Pendant très longtemps, l'existence d'une chose aussi bizarre que la morale a été expliquée par l'existence d'un dieu. Sans dieu, la notion de bien et de mal n'avait donc plus aucun sens, ce qui avait de fâcheuses conséquences quand vous rencontriez une personne qui n'avait pas le même dieu, ou qui n'en avait pas du tout. Avec l'utilitarisme, la morale ne dépend plus de Dieu, mais d'un calcul de conséquences, un calcul de conséquences sur le bonheur. Et comme il est facile d'admettre que la recherche du bonheur est quelque chose d'universel, l'utilitarisme pose les bases d'une morale qui peut s'appliquer à tous, indépendamment des croyances particulières en un dieu particulier.

Un autre point fort de l'utilitarisme est de permettre de justifier nos jugements moraux. Si demain quelqu'un vous dit que c'est mal de faire des vidéos sur YouTube sans être rasé de près, vous n'avez plus besoin de croire cette personne sur parole. Il faudra qu'elle vous prouve par A + B que les barbus sur YouTube créent effectivement du malheur pour que vous commenciez à la croire. *Idem* avec les pratiques sexuelles. Si quelqu'un vous dit qu'une pratique sexuelle est mal, sans vous dire en quoi elle crée du malheur, vous avez le droit de ne pas lui prêter attention. Avec l'utilitarisme, vous n'avez plus les problèmes des déontologistes : plus besoin, quand la police vient frapper à votre porte, de dénoncer le géologue que vous cachez dans votre cave, simplement parce que vous avez ce principe que mentir est mal.

Enfin, troisième gros point fort, l'utilitarisme est une théorie égalitariste, où le bonheur de chacun a la même valeur : « chacun compte pour un et personne pour plus d'un », disait Bentham. Le bonheur de Léo ne vaut pas plus que le bonheur de Léa, et les calculs de maximisation du bonheur accordent une même considération aux intérêts de chacun. Ce qui est plutôt sympa pour une théorie de la morale, vous en conviendrez.

Voilà pourquoi l'utilitarisme est si séduisant sur le papier : si vous êtes d'accord pour dire que premièrement, les jugements moraux ne devraient pas être arbitraires mais justifiés ; deuxièmement, que le bonheur est appréciable et vaut la peine d'être maximisé ; troisièmement, que tous les humains méritent la même considération, alors vous ne pouvez pas échapper à l'utilitarisme. Sur le papier, nous sommes tous utilitaristes.

Les problèmes apparaissent dès que l'on sort du papier. L'utilitarisme a de gros inconvénients pratiques, discutés par les philosophes depuis longtemps, et remis en lumière par les psychologues plus récemment. Premièrement, on peut se demander comment mesurer le bonheur en pratique. Je ne m'attarde pas sur ce point car c'est un problème qui n'est pas spécifique à l'utilitarisme : beaucoup d'autres théories morales sont confrontées à la question de savoir ce qu'est le bonheur, comment le définir ou le mesurer. De plus, on pourrait penser que nous arriverons un jour, après nous être tous mis autour d'une table, à tomber d'accord sur une définition du bonheur qui vaut la peine d'être maximisée. Les critiques les plus fortes de l'utilitarisme se concentrent sur deux autres aspects : les situations qui comportent ce qu'on appelle des obligations spécifiques et celles qui incluent des préférences illégitimes. Illustrons ces deux aspects tour à tour.

L'exemple du tondeur de pelouse éclaire parfaitement le problème des obligations spécifiques. Dans la vie, il nous arrive souvent de faire des promesses aux autres et nous considérons comme normal que ces promesses soient tenues. Si je promets à mon voisin de le payer en échange de son travail, j'acquiers ce que les philosophes appellent une « obligation spécifique » envers lui, l'obligation de le payer effectivement une fois le travail accompli. Mais de façon importante, nos intuitions nous disent que je dois le payer, *peu importe le bonheur que je pourrais apporter à d'autres avec cet argent*. Cela met en relief une première tension dans l'utilitarisme et dans son insistance sur les conséquences des actes en particulier. Quand je décide de payer mon voisin, je « regarde vers le passé », vers la promesse que je lui ai faite il y a deux jours et vers le travail qu'il *vient* d'effectuer. Le passé joue un rôle très important dans nos jugements moraux intuitifs. Or, l'utilitarisme ne regarde pas vers le passé, il ne regarde que vers le futur et les conséquences des actions. C'est pour cela qu'un utilitariste pourrait ne pas vouloir payer quelqu'un qui a travaillé pour lui, et c'est pour cela que les prescriptions utilitaristes peuvent devenir très contre-intuitives dans les situations qui impliquent des obligations personnelles.

Les mêmes problèmes émergent dans les relations privilégiées que l'on entretient avec notre famille et nos amis : si seules les conséquences de nos actes sont importantes et si tous les bonheurs sont égaux (le bonheur d'un de nos amis ne vaut pas plus que le bonheur d'un inconnu), il n'y a pas de raison de rendre plus de services à un ami qu'à un inconnu. On peut légitimement se demander si le mot « ami » aurait encore un sens dans un tel monde. Les mêmes difficultés se retrouvent aussi dans les emprunts d'argent. Un utilitariste pur et dur dirait qu'il faut rembourser l'argent qu'on nous a prêté uniquement si ce remboursement maximise le bonheur. Ce qui est bien sûr complètement différent de l'intuition que l'on a qu'il faut *toujours* rembourser ses emprunts, peu importe que ce remboursement maximise le bonheur du plus grand nombre ou non.

L'utilitarisme dans sa version 1.0 demande aussi que toutes les choses qui comptent pour vous, comme vos projets personnels, n'importent pas plus que celles de votre voisin. Même si vous avez travaillé pendant des années pour une cause qui vous semblait juste et importante, si quelqu'un venait vous prouver par A + B que vous pourriez produire plus de bonheur en travaillant sur les projets de votre voisin, vous devriez être prêt à cesser du jour au lendemain vos propres activités[2]. Pour cette raison, on dit parfois de l'utilitarisme qu'il est aliénant : il vous impose de prendre de la distance avec les projets et engagements qui donnent du sens à votre vie.

Le deuxième gros point problématique de l'utilitarisme concerne la prise en compte des préférences illégitimes. Imaginez que vos voisins viennent frapper à votre porte pour vous dire qu'ils voudraient transformer votre jardin en jardin public[3]. Elle est bien bonne celle-là ! En quel honneur ? Parce que, disent-ils, le chagrin que vous ressentiriez serait largement compensé par la joie de tous les enfants du quartier. Vos voisins ont d'ailleurs fait le calcul sur le papier et la conclusion est sans appel : l'action qui maximise le bonheur du plus grand nombre est celle qui consiste à vous prendre votre jardin pour le transformer en jardin public. Voilà ce qu'on appelle une « préférence illégitime » : la préférence de quelqu'un, dans ce cas-ci de l'un de vos voisins, qui n'est généralement pas prise en compte pour déterminer ce qu'il est moral de faire, mais qui dans un calcul utilitariste est parfaitement recevable.

L'importance des préférences illégitimes est aussi mise en relief dans le cas du prélèvement d'organes. Si seule la maximisation du bonheur compte, en quoi aurait-on le droit de refuser que quelqu'un vienne nous tuer pour nous prendre nos organes, si nous étions assurés que cela pourra sauver plusieurs vies ? Pensons également à un SDF alcoolisé dans la rue, qui embête tout le monde et ne fait rien de ses journées. On pourrait imaginer que des utilitaristes arrivent à montrer par A + B que ce SDF cause plus de malheur à la société qu'il ne produit de bonheur, et qu'il faudrait donc s'en débarrasser. Si ces conclusions semblent aussi repoussantes, c'est parce qu'elles prennent en compte des préférences *illégitimes*. Il semblerait que notre morale intuitive fasse la différence entre certaines préférences qui sont légitimes et d'autres qui ne le sont pas. L'utilitariste de base, lui, ne fait pas cette différence. Pour lui, une préférence est une préférence, il n'y a pas de hiérarchie entre elles. Remarquez que cet aspect dérangeant découle du fait que l'utilitarisme accorde la même considération aux intérêts de chacun ! Paradoxalement, c'est parce que l'utilitarisme considère que tous les humains sont égaux, et que tous leurs avis se valent, que l'on doit faire passer l'avis de la majorité avant celui de la minorité, même si cela peut engendrer de nombreuses décisions contre-intuitives.

L'« inconfort psychologique » généré par certaines préconisations utilitaristes a été remarqué en philosophie depuis longtemps et confirmé plus récemment par la psychologie. Nous avons déjà parlé du dilemme du tramway qui montre qu'une grande majorité de gens (90 % à peu près) n'est pas d'accord pour pousser quelqu'un sur une voie ferrée pour arrêter un train fou, même si cela permettrait de sauver cinq personnes[4]. Ce résultat s'oppose directement à une préconisation utilitariste. D'autres expériences moins connues renforcent cette idée d'une morale intuitive qui serait non utilitariste. Beaucoup de gens ne sont pas d'accord pour mettre sur le marché un vaccin qui augmenterait la mortalité d'une population, même si cela permettait de réduire la mortalité d'une population plus grande[5]. Certains pensent aussi qu'il faut punir une compagnie pharmaceutique qui a fauté, même si cela veut dire qu'elle devra arrêter la production d'un vaccin bénéfique pour tous[6]. D'autres estiment encore que la difficulté à détecter un crime ne doit pas conditionner la sévérité de la punition, ce qui aurait pourtant du sens dans une perspective utilitariste de dissuasion[7]. Et ainsi de suite.

Comment expliquer que l'on puisse être autant séduit par l'utilitarisme sur le papier et en même temps autant repoussé par sa pratique ? Pour nous aider à comprendre cela, il est utile de faire la distinction entre morale intuitive et morale réflexive. Jusqu'ici, nous n'avons parlé que de morale « intuitive », la morale qui serait produite par un sens moral évolué.

Ce sens moral travaillerait de façon rapide, non consciente et automatique, et c'est pour cela que l'on peut qualifier ses sorties d'« intuitions » morales. Nous venons de le voir, ces intuitions ne semblent pas être utilitaristes. Mais il existe une deuxième façon pour un cerveau humain de produire des jugements moraux. En plus d'avoir des intuitions morales, nous sommes tous capables d'avoir des *réflexions* morales, de produire des jugements moraux qui sont le résultat d'une longue réflexion, et ce, de façon consciente[8].

René Descartes fournit une analogie intéressante pour clarifier cette distinction[9]. Le physico-philosophico-mathématicien français nous fait remarquer qu'on peut se représenter intuitivement ce qu'est une figure à trois côtés (ce que les mathématiciens appellent pompeusement un triangle), mais qu'on ne peut pas se représenter intuitivement une figure à 1 000 côtés*, le chiliogone. On ne peut pas se la représenter intuitivement, mais on peut accepter qu'une telle chose existe, *en y réfléchissant*. On peut *concevoir* qu'une telle chose existe. De la même façon, certains de nos jugements moraux pourraient être produits de façon intuitive, sans que l'on ait besoin de raisons pour y croire, tandis que d'autres jugements seraient produits après réflexion, *une fois que l'on aura évalué les raisons externes d'y croire*.

Pourquoi penser que les jugements utilitaristes sont des jugements réflexifs et non intuitifs ? Les nombreuses situations dans lesquelles les jugements moraux spontanés des humains s'opposent aux préconisations utilitaristes sont un

* On peut se représenter une fois une figure à mille côtés, mais on ne peut pas se représenter mille fois une figure à un côté.

premier argument. Mais il y a mieux. Il est possible d'interférer sur les jugements utilitaristes en augmentant la charge cognitive. Demandez à quelqu'un de produire un jugement utilitariste, par exemple en le mettant devant un dilemme du tramway (version levier). En même temps, faites-lui exécuter une tâche qui accapare toute son attention, comme appuyer sur une touche à chaque fois que le chiffre 5 apparaît sur un écran d'ordinateur. Vous devriez ainsi réussir à augmenter le temps que met cette personne pour produire son jugement utilitariste : la charge cognitive affecte son jugement. Refaites la même expérience, mais en lui demandant de répondre à un dilemme qui n'appelle pas de jugement utilitariste. Cette fois, la charge cognitive n'aura pas d'impact sur la vitesse de ce jugement[10].

Selon les chercheurs qui défendent cette vision « à deux vitesses » de la morale*, dans le dilemme du tramway version passerelle, les cerveaux humains sont tiraillés entre un processus intuitif, qui recommande de ne pas pousser le gros monsieur sur la voie, et un processus rationnel qui fait remarquer que cinq vies sauvées seront toujours mieux qu'une. Ces deux processus sont visibles en imagerie cérébrale. Dans la version classique du dilemme (version levier), on observe une plus grande activation des aires cérébrales associées au raisonnement calculatoire et à la mémoire de travail, comme le cortex préfrontal dorsolatéral[12]. Au contraire, dans la version qui nécessite de pousser quelqu'un, on enregistre une plus forte activité dans des régions généralement associées à

* Pour les connaisseurs, c'est (un peu) l'équivalent du Système 1/Système 2 de Kahneman et Tversky appliqué au domaine de la cognition morale[11].

des processus émotionnels et automatiques comme le cortex préfrontal ventromédian. Cette différence d'activité expliquerait* pourquoi des jugements moraux différents seraient émis dans les deux versions du dilemme.

Ces données informent aussi sur le débat plus général en sciences cognitives sur la distinction entre émotions et raison (et la pertinence de cette distinction). Si historiquement émotions et raison ont souvent été dissociées, cette distinction est critiquée depuis les années 1990. De nombreux raisonnements sont en effet fondés sur des émotions et inversement. Le domaine moral n'y fait pas exception. Dans une revue de la littérature parue en 2019, Joshua May et Victor Kumar écrivent :

« Nous tirons deux conclusions. Premièrement, sur la base d'une caractérisation juste et plausible du raisonnement et des émotions, les deux font partie intégrante du jugement moral. En particulier, quand nos croyances morales changent sur de longues périodes, il y a suffisamment de place pour qu'à la fois le raisonnement et les émotions jouent un rôle itératif. Deuxièmement, il est difficile de séparer le raisonnement des processus émotionnels. [...] D'une certaine façon, nos conclusions militent contre les caractérisations extrêmes de la division rationalisme-sentimentalisme. Le débat serait mieux conçu comme la question de savoir quel processus psychologique est plus fondamental en ce qui concerne la cognition morale[13]. »

* Il n'est pas toujours facile de savoir si les neurosciences *expliquent* vraiment ou ne font que redécrire un phénomène psychologique à une échelle différente, l'échelle cérébrale.

La distinction entre émotions et raison est donc beaucoup moins tranchée qu'on ne le croit. Par exemple, l'amygdale, une région du cerveau impliquée dans les jugements moraux et traditionnellement réputée comme « émotionnelle », est aussi impliquée dans l'apprentissage associatif et l'identification des informations les plus importantes dans un contexte donné, des facultés qui ont tout à fait leur place dans un processus de raisonnement. De façon générale, les neurosciences suggèrent aujourd'hui que « les émotions et la raison contribuent toutes au jugement moral et le jugement moral est le plus fonctionnel quand la raison et les émotions sont intactes[14] ».

Notons enfin que les études d'imagerie ne présentent souvent que des corrélations et ne peuvent pas dire grand-chose sur la causalité. Si une région cérébrale associée à une certaine émotion s'active pendant un jugement moral, est-ce que cela veut dire que l'émotion est la cause de ce jugement, ou sa conséquence ? Est-ce la colère qui cause l'indignation morale ou l'indignation morale qui cause la colère ? Il n'est pas facile de le savoir.

Pour en revenir à la distinction intuition/réflexion (différente de la distinction émotions/raison), elle permet d'éclairer utilement certains résultats. Souvenez-vous de Jennifer qui consomme un morceau de cadavre. La plupart des gens ont une réaction émotionnelle forte à cette histoire et jugent ce comportement immoral. En parallèle, beaucoup de ces mêmes personnes disent adhérer au principe que « si un comportement ne cause pas de tort, alors il n'est pas immoral ». Or, le comportement de Jennifer ne cause pas de torts immédiatement visibles. Ces personnes se retrouvent donc en situation de conflit cognitif : tiraillées entre leur sens moral intuitif qui juge la situation immorale, et leur raisonnement réflexif qui la juge acceptable. Certaines vont essayer de résoudre ce conflit en revenant sur leur jugement intuitif et en privilégiant leur jugement réflexif (qui a l'avantage de pouvoir être justifié). Quand les chercheurs insistent pour qu'une réflexion sur les torts causés soit menée, 5 % des sujets changent finalement d'avis et soutiennent que ce n'était pas si immoral que ça au final de manger du cadavre[15]. Bien sûr, 5 % ce n'est pas beaucoup et il est difficile de savoir combien de temps ce jugement réflexif tiendrait avant que les intuitions ne reprennent le dessus.

De la même façon, on peut imaginer que les 10 % de personnes qui disent qu'il est acceptable de pousser le gros monsieur sur la voie ferrée sont des personnes très fortes pour faire passer leurs jugements réflexifs avant leurs jugements intuitifs. Ces 10 % d'« utilitaristes » n'ont pas forcément un sens moral différent des autres, ils font simplement un arbitrage différent entre intuition et réflexion (c'est une nouvelle illustration de la compétition entre nos différents algorithmes mentaux). Ce qui n'est pas quelque chose de facile ; il est aisé de se dire utilitariste un instant et, deux secondes plus tard, la morale intuitive reprend le dessus.

Existe-t-il des manières de « sauver l'utilitarisme », malgré son caractère contre-intuitif ? Oui, il en existe au moins deux*. La première est de le modifier un peu pour le transformer en ce qu'on appelle « utilitarisme de la règle ». Dans l'utilitarisme de

* Il existe en fait une quantité de variations de l'utilitarisme, dont certaines à la mode comme le prioritarisme (qui cherche à maximiser le bonheur tout en donnant la priorité aux moins bien lotis). Ce livre n'a pas pour vocation de les référencer, d'autant plus que la plupart ne résolvent pas fondamentalement le problème des préférences illégitimes et des obligations spécifiques.

la règle, les calculs de maximisation du bonheur ne se font plus au niveau de chacun des actes, mais au niveau des règles que l'on suit de façon générale. Si l'utilitariste de base disait qu'on ne doit pas payer notre voisin Jérémie si on peut mieux utiliser cet argent, l'utilitariste de la règle préconise au contraire de le payer, car tenir ses promesses est une règle qui maximise le bonheur *en moyenne*, même si ce n'est peut-être pas toujours le cas. Si tout le monde se mettait à ne plus tenir ses promesses, plus personne ne voudrait travailler. Les conséquences néfastes pour la société seraient au final beaucoup plus grandes que si on avait accepté de payer Jérémie. L'utilitarisme de la règle pense donc qu'il faut tenir ses promesses parce que, *la plupart du temps*, tenir ses promesses maximise le bonheur, même si de temps en temps l'effet contraire se produit[16].

Cependant, l'utilitarisme de la règle ne fait que déplacer le problème. Pour déterminer quelle règle crée du bonheur *de façon générale*, vous continuez à prendre en compte les préférences de tout le monde, et même les préférences illégitimes. Vous continuez à considérer des préférences qu'on préférerait ignorer, comme celles des gamins du quartier qui voudraient transformer votre beau cerisier bigarreau en support de balançoire.

Imaginez encore qu'on veuille déterminer si la règle « lapider un géologue » est morale. Si vous êtes utilitariste, vous pourriez commencer par dire que c'est évidemment immoral, parce que la douleur que ressent le géologue est bien plus grande que le plaisir du lapideur. Mais imaginons maintenant que je mette le géologue dans un stade rempli de 50 000 spectateurs, et que chacun y aille de son petit caillou, qui de son morceau de granit, qui de son échantillon de basalte, qui encore de sa péridotite ophiolitique hercynienne. Comment continuer à penser que la douleur du géologue ne serait pas largement compensée par le plaisir des 50 000 spectateurs ? Et quand bien même ce ne serait pas assez, je pourrais retransmettre ce spectacle sur ma chaîne YouTube, et le monde entier s'y connecterait frénétiquement. Bref, que vous fassiez des calculs de bonheur au niveau des actes particuliers ou des règles générales ne change rien au fait que lorsque vous effectuez ces calculs, vous allez devoir prendre en compte des paramètres qui sont généralement considérés comme non pertinents pour notre morale intuitive*.

Une deuxième façon d'essayer de sauver l'utilitarisme consiste à défendre ce qu'on appelle un « utilitarisme indirect ». L'utilitarisme indirect fait remarquer que ce qui importe avant tout, ce n'est pas que la règle qui guide nos actions essaie de maximiser *délibérément* le bonheur, mais qu'elle y parvienne au final[17]. Vu ainsi, l'utilitarisme n'est plus une procédure de décision, mais un *standard* de morale, un standard de ce qui est bien ou mal. Et, qui sait, peut-être que le meilleur moyen de vivre dans un monde où le bonheur est maximisé est de suivre des procédures de décision qui ne visent pas directement à le maximiser, des procédures qui ne sont pas directement utilitaristes. D'où le nom : utilitarisme *indirect*. Poussé à l'extrême, l'utilitarisme indirect peut être vu comme autodestructeur, car il viserait à sa propre élimination dans la tête des gens[18]. Peut-être que le monde le plus à même de maximiser le bonheur est un monde dans lequel personne ne croit en l'utilitarisme ?

* Tout cela sans même considérer que le géologue puisse prendre plaisir à recevoir autant de cailloux d'un coup, ce qui compliquerait encore le calcul utilitariste.

L'utilitarisme indirect a néanmoins besoin de savoir quelles règles sont capables de maximiser le bonheur *indirectement*. Certains philosophes pensent que le simple fait qu'une règle soit en place depuis longtemps dans nos sociétés montre qu'elle a fait ses preuves, et qu'il faut continuer de la suivre sans se poser de questions[19]. C'est une explication loin de convaincre tout le monde. Je vous laisse décider si l'utilitarisme indirect est une idée de génie ou une façon de sauver les meubles et de pouvoir continuer à se déclarer utilitariste en adoptant le même comportement que ceux qui ne le sont pas.

Ce qu'il faut retenir

L'utilitarisme est formidable sur le papier. Il permet de se passer d'arbitraire en morale et de justifier tous ses jugements moraux, tout en donnant une égale considération à chacun. En pratique néanmoins, des problèmes apparaissent. La prise en compte de préférences illégitimes et la non-prise en compte des obligations spécifiques mènent à des situations qui sont au mieux contre-intuitives, au pire monstrueuses. Pour sauver l'utilitarisme, vous pouvez soit bifurquer vers l'utilitarisme de la règle, qui maximise le bonheur au niveau des règles et non des actes, soit bifurquer vers l'utilitarisme indirect, et vous comporter comme vous l'avez toujours fait en pensant que cela permettra de maximiser le bonheur au final.

10
MORALE ET BIOLOGIE, UN MÉLANGE (DANG)HEUREUX ?

« On mettra sûrement en vente un jour des comprimés d'humanité. On en prendra un à jeun le matin, dans un verre d'eau, avant de fréquenter les autres. Alors là, du coup, ça deviendra intéressant et on pourra même faire de la politique. »

ROMAIN GARY, *Les racines du ciel*, 1956

Je ne souhaite pas vous laisser partir sans vous toucher deux mots des liens qui existent entre morale, biologie, politique et société. Deux mots seulement, tant le sujet est vaste* et, il faut bien l'avouer, parfois sensible.

---

* Pour approfondir, une introduction universitaire à l'éthique évolutionnaire *prescriptive* se trouve dans JOYCE R., *The Evolution of Morality*, 2006.

Dès les premières pages de ce livre, j'ai pris soin de faire la distinction entre étude descriptive et prescriptive de la morale, me rangeant du côté de la première. Néanmoins, beaucoup d'auteurs m'ayant précédé n'ont pas eu la même idée, le même besoin ou la même envie. Au cours des siècles, la biologie n'a cessé d'être appelée en renfort pour justifier lois, idéologies et politiques. Pourquoi ? Parce que l'idée que « ce qui est naturel est bon » est très plaisante pour le cerveau humain. En étudiant la morale par la biologie, on se propose de découvrir une morale « naturelle », et puisque cette morale est naturelle, certains disent, on ne devrait pas s'y opposer. Cette idée ne va pourtant pas de soi. Quantité de choses naturelles sont combattues avec véhémence par l'humain : le cancer, les maladies, la perte d'autonomie… Ceux qui déduisent ce qui est bon de ce qui est naturel commettent une erreur de raisonnement qu'on appelle « paralogisme naturaliste ». Ce paralogisme explique pourquoi les débats sur ce qui est dans la nature humaine, de l'égoïsme ou de la morale, ont été souvent si houleux. Au XVIIIe siècle, Shaftesbury s'oppose fermement aux philosophes anglais Hobbes et Locke et leur supposée « guerre de tous contre tous » dans l'état de nature :

« C'est M. Locke qui […] a éjecté du monde tout ordre et toute vertu, et rendu leur idée même (qui est la même que celle de Dieu) *non naturelle*, et sans fondation dans nos esprits[1]. » (L'emphase sur « non naturelle » est de Shaftesbury.)

Au même siècle, l'idée de morale « naturelle » crée l'espoir d'établir une « science de la morale », capable de découvrir des vérités morales aussi robustes et universelles que les vérités mathématiques et physiques. Ces découvertes serviraient ensuite de base à des lois, une idée retrouvée chez Jefferson qui pense que le travail des législateurs consiste à « déclarer et appliquer seulement nos droits et devoirs naturels, sans nous en prendre aucun[2] ».

Au XIXe siècle, la théorie de l'évolution apporte une nouvelle façon d'envisager le vivant, mais ne fait pas cesser les débats sur la place de l'égoïsme et de la morale dans la nature humaine, bien au contraire. Nous l'avons vu, Darwin avait envisagé de nombreuses façons de concevoir une morale « naturelle », par sélection naturelle. Malheureusement, ceux qui ont popularisé sa théorie auprès du grand public n'ont retenu que l'aspect de « lutte pour la survie ». C'est d'ailleurs pour essayer de lutter contre cette vision biaisée que Kropotkine écrit son livre en 1906 :

« [...] Un certain nombre d'évolutionnistes, qui ne peuvent refuser d'admettre l'importance de l'entr'aide chez les animaux, refusent, comme l'a fait Herbert Spencer, de l'admettre chez l'homme. Chez l'homme primitif, soutiennent-ils, la guerre de chacun contre tous était la loi de la vie. J'examinerai, dans les chapitres consacrés aux Sauvages et aux Barbares, jusqu'à quel point cette affirmation, qui a été trop complaisamment répétée, sans critique suffisante, depuis Hobbes, est confirmée par ce que nous savons des périodes primitives du développement humain[3]. »

Très souvent, c'est Dieu qui fait la connexion entre le descriptif et le normatif : si la morale est dans la nature, et si la nature est Dieu ou sa création, s'opposer à la nature revient à s'opposer à Dieu. L'anecdote suivante est on ne peut plus frappante, alors que les comportements rapportés ne concernent même pas l'humain :

« L'importance du facteur de l'entr'aide "si seulement on en pouvait démontrer la généralité" n'échappa pas au vif génie naturaliste de Goethe. Lorsqu'un jour Eckermann dit à Goethe – c'était en 1827 – que deux petits de roitelets, qui s'étaient échappés, avaient été retrouvés le jour suivant dans un nid de rouges-gorges (Rothkehlchen), qui nourrissaient ces oisillons en même temps que leurs propres petits, l'intérêt de Goethe fut vivement éveillé par ce récit. Il y vit une confirmation de ses conceptions panthéistes, et dit : "S'il était vrai que ce fait de nourrir un étranger se rencontrât dans toute la Nature et eût le caractère d'une loi générale, bien des énigmes seraient résolues"[4]. »

Kropotkine inaugurait le XXe siècle et ses tragédies humaines que l'on connaît. L'eugénisme et le darwinisme social du début du siècle se moquent allègrement de la distinction entre ce qui est et ce qui doit être[5]. De la connaissance que les organismes les plus faibles sont éliminés dans la nature, ils en déduisent qu'il est acceptable, et parfois recommandé, d'éliminer les plus faibles. C'est un grand dommage que le darwinisme social porte le nom du savant anglais alors que celui-ci était fermement opposé à cette distorsion de ses idées, tout comme son ami et défenseur Huxley :

« La pratique la plus éthique – celle que l'on appelle bien ou vertu – implique un code de conduite qui, à tous égards, est opposé à celui qui mène au combat cosmique pour l'existence. [...] Comprenons, une fois pour toutes, que le progrès éthique de la société ne se fera pas en imitant le processus cosmique, encore moins en essayant de lui échapper, mais en le combattant[6]. »

Huxley et Darwin s'opposent donc fermement à établir ce qui est bien à partir de ce que l'on observe dans la nature, ce qu'ils nomment le « processus cosmique ». Ces mises en garde n'ont apparemment pas suffi, puisque les régimes totalitaires du XXe siècle ont parfois été inspirés par le darwinisme social (et je croise encore aujourd'hui des gens qui ne font pas la différence entre darwinisme et darwinisme social). D'autres théories scientifiques seront appelées à la rescousse pour essayer de défendre la tolérance entre les humains, et notamment les théories relativistes. Qui sommes-nous pour juger les pratiques des autres, nous disent ces théories ? Les chercheurs occidentaux qui étudient la morale sont-ils bien sûrs d'avoir réussi à s'extraire de leurs biais idéologiques avant de se prononcer sur ce qui est moral ou non* ? Malheureusement, le relativisme moral est à double tranchant et permet aussi de laisser commettre les pires atrocités au nom de la tolérance de l'opinion des autres.

Après la Seconde Guerre mondiale, les approches évolutionnaires du comportement humain se font discrètes, avant de revenir sur le devant de la scène dans les années 1970 avec la publication du livre *Sociobiology* d'Edward O. Wilson[7]. Pas de politique dans ce livre, et seulement 5 % de son contenu est consacré à l'humain, mais il fait scandale et vaut à son auteur d'être insulté et de recevoir un verre d'eau sur la tête lors d'une conférence[8]. De nombreux facteurs expliquent la réception de cet ouvrage : Wilson dira en 2004 qu'« il n'y avait pas de pire moment que les années 1970 pour l'inauguration de la sociobiologie humaine[9] ». L'un de ces facteurs est

* Un reproche encore aujourd'hui adressé aux chercheurs, majoritairement de gauche. Les vulgarisateurs scientifiques ne sont pas non plus épargnés par ce biais.

très certainement la crainte de voir ressurgir le paralogisme naturaliste : que certains profitent de l'étude de « ce qui est naturel » pour justifier « comment se comporter ».

Dans les années 1990, un virage très important s'amorce. L'étude biologique du comportement humain est devenue plus mature : informée des sciences cognitives, sa vision « algorithmique » permet d'expliquer la diversité humaine sans sombrer dans le naturalisme ou le culturalisme naïf. Surtout, comme nous l'avons vu, les approches évolutionnaires concluent maintenant qu'il est probable qu'un sens moral *universel* équipe le cerveau de tous les humains. C'est un changement de perspective radical ! En matière de morale, la psychologie évolutionnaire est maintenant « du bon côté » : celui de la tolérance inscrite dans la nature humaine (aux côtés de l'égoïsme) et de l'insistance sur ce qui rassemble les humains, plutôt que ce qui les sépare. L'humain n'est pas naturellement pétri d'égoïsme et obsédé par la défense de ses intérêts ; plus exactement, il n'est pas *seulement* ça, il est aussi naturellement moral et se préoccupe des autres*. Est-ce enfin l'heure de se réjouir et célébrer le mariage de la biologie et de la morale ?

Pas forcément. D'abord parce que l'objection de Hume et la mise en garde contre le paralogisme naturaliste valent pour les cas où la biologie est « du bon côté » comme « du mauvais côté ». On ne peut directement déduire ce qui doit être en se fondant sur ce qui est, même si ce qui est a l'air encourageant.

---

* La vision de la théorie de l'évolution comme « la loi du plus fort » me semble encore très répandue dans le grand public. Une raison possible est que la distinction entre égoïsme au niveau évolutionnaire et désintéressement au niveau psychologique n'est pas évidente, c'est pourquoi j'ai beaucoup insisté dessus dans ce livre.

Ensuite, parce que même si tous les humains sont équipés d'un sens moral, il se pourrait que cette morale reste fortement « biaisée » et que l'on doive prendre nos distances avec. Imaginez que l'on soit sûr un jour que notre sens moral a évolué pour rembourser les coûts d'opportunité. Vous pourrez toujours considérer cet objectif détestable et penser que, par exemple, maximiser le bonheur du plus grand nombre est un but bien plus louable. Vous pouvez rejeter les « devoirs » que la nature nous demande de suivre et en choisir d'autres. Il n'est en effet écrit nulle part que les humains doivent accepter la morale dont l'évolution leur a fait cadeau et ne pas se rebeller contre ce que la nature a fait d'eux. Tout comme nous nous sommes déjà rebellés contre la nature qui nous empêchait une fois sur trois de vivre jusqu'à l'âge de 15 ans quand nous étions chasseurs-cueilleurs[10].

Plusieurs psychologues contemporains semblent séduits par cette voie de la rébellion. En étudiant la morale, ces chercheurs se sont rendu compte de toutes ses « imperfections ». Ils se désolent par exemple que l'on s'émeuve beaucoup plus d'une personne qui souffre à côté de chez nous que de dix personnes à l'autre bout de la terre. Joshua Greene raconte ainsi :

« Nos réactions viscérales n'ont pas été créées pour être organisées, et elles n'ont pas été nécessairement créées pour servir des fins morales. [...] Certaines de nos réactions viscérales peuvent simplement refléter l'impératif biologique de répandre ses gènes, nous faisant, par exemple, nous favoriser nous-mêmes et nos tribus aux dépens des autres. Sachant cela, nous pourrions essayer de faire le ménage. Avant d'organiser nos intuitions morales, nous pourrions en premier essayer de nous débarrasser de nos intuitions biaisées. Si nous utilisons notre connaissance scientifique pour débunker nos intuitions biaisées, vers quoi allons-nous tendre ? Je pense que nous finirons avec quelque chose qui ressemble à l'utilitarisme[11]. »

Paul Bloom est un autre psychologue insatisfait par notre morale intuitive. Dans son livre au titre explicite, *Contre l'empathie*, il s'agace de cette émotion qui nous pousse à acheter une glace à la fille de la voisine qui s'est écorché le genou plutôt que d'envoyer l'argent à un enfant qui meurt de faim. Pour lui, en matière de morale, l'empathie n'est pas bonne conseillère. Nous ferions mieux plutôt de « prendre du recul et d'appliquer une morale juste et objective[12] ».

Robert Wright est un autre chercheur qui trouve de nombreux défauts à notre morale : « Nous avons tendance à trouver nos rivaux moralement déficients, à trouver nos alliés dignes de compassion, à adapter cette compassion en fonction de leur statut social, à ignorer complètement les marginaux sociaux[13]. »

D'un point de vue purement scientifique, certaines de ces affirmations sont discutables et vous êtes maintenant suffisamment calé en psychologie morale pour comprendre pourquoi. On peut par exemple se demander si les supposés biais de la morale sont des biais *intrinsèquement* moraux ou s'ils sont liés à d'autres algorithmes cognitifs en compétition avec le sens moral. On peut aussi se demander s'il est justifié de qualifier la morale de « biaisée », ou si cela ne vient pas du fait que nous avons trop pris l'habitude d'ériger l'utilitarisme en référence. Quoi qu'il en soit, ces critiques sont intéressantes parce qu'elles suggèrent qu'étudier la morale par le prisme de la biologie est un moyen de *ne pas* tomber dans le paralogisme naturaliste. Oui, vous m'avez bien lu, ce serait *ne pas* étudier la morale à la lumière de l'évolution qui serait considéré comme une manifestation du paralogisme naturaliste[14]. Si vous n'étudiez pas les bases biologiques de la morale ni ses origines évolutionnaires, vous devenez aveugle aux réelles motivations de vos comportements ; aveugle au fait que cette chose qui s'impose à vous et que vous appelez « morale » n'est en fait qu'un artifice de la sélection naturelle pour vous pousser à adopter certains comportements ; aveugle enfin au fait qu'en suivant vos intuitions morales, vous approuvez implicitement les valeurs de la sélection naturelle et n'êtes pas du tout maître de vos valeurs.

Si au contraire vous étudiez la morale par le prisme de la biologie, votre champ d'action s'élargit. Si vous trouvez la morale humaine évoluée satisfaisante, il vous suffira de suivre vos intuitions. Dans le cas contraire, cela n'aura pas été du temps perdu, car le meilleur moyen de combattre un ennemi, c'est de bien le connaître. Étudier les bases biologiques de la morale devient la première étape d'une stratégie d'émancipation. La citation qui ouvrait ce livre devrait maintenant vous paraître plus claire : « Nous sommes tous des marionnettes, et notre meilleur espoir de se libérer ne serait-ce que partiellement est d'essayer de comprendre le fonctionnement de ces marionnettes[15]. »

Mais par quoi remplacer nos intuitions morales s'il fallait les remplacer ? Pour beaucoup, le remplaçant est tout trouvé : c'est l'utilitarisme. Il s'agit d'une troisième façon de sauver l'utilitarisme, différente des deux que nous avons vues précédemment (adopter l'utilitarisme de la règle ou l'utilitarisme indirect) : accepter pleinement le caractère contre-intuitif et parfois monstrueux de l'utilitarisme en se disant que ces monstruosités sont pour la bonne cause. Vous pouvez penser que bien que l'utilitarisme conduise parfois à des atrocités, la maximisation du bonheur est un principe tellement important qu'il justifie qu'on passe l'éponge dessus. Nous pouvons très bien aller contre nos intuitions et nous le faisons déjà dans d'autres domaines. On se force bien à manger des aliments que l'on n'aime pas parce qu'on sait qu'ils sont bons pour la santé. On pourrait faire de même avec les jugements moraux et se forcer à adopter des comportements contre-intuitifs.

L'histoire nous a aussi montré que l'utilitarisme a déjà été en contradiction avec nos intuitions morales et qu'il en est sorti vainqueur. Au XIXe siècle, l'utilitarisme a défendu les droits des homosexuels et s'est battu contre l'esclavage, à contre-courant des idées de l'époque. Alors pourquoi ne devrions-nous pas encore accepter ses préconisations aujourd'hui ? Et si demain, tout le monde considérait cela normal de ne pas payer son voisin venu tondre sa pelouse ? Et si demain, tout le monde considérait cela normal d'être euthanasié pour pouvoir sauver d'autres vies avec les organes ?

Si ces idées vous font froid dans le dos, sachez que vous n'êtes pas seul. Voilà quelques éléments pour les contrebalancer. D'abord, il est important de bien se rendre compte de ce que signifie : « L'utilitarisme est contre-intuitif. » Contre-intuitif, dans le domaine de la morale, cela veut dire immoral, tout simplement. Et vous savez probablement que la sensation que l'on ressent face à un comportement immoral est loin d'être plaisante, on peut même dire qu'elle est douloureuse. Autrement dit, si vous promouvez des comportements contre-intuitifs, vous allez créer de la souffrance morale autour de vous. Est-ce que cette souffrance peut être compensée par un bonheur plus grand que vous cherchez à atteindre ? C'est à discuter, mais elle doit être prise en compte dans vos calculs utilitaristes.

Ici apparaît une limite à l'analogie du sens du goût que j'ai beaucoup utilisée dans ce livre. J'ai souvent comparé le sens moral au goût parce que si les biologistes ont raison et qu'un sens moral a évolué par sélection naturelle, il y a de fortes chances qu'il possède beaucoup de caractéristiques similaires à celles du goût. Mais il y aura aussi des différences. Quand on ne donne pas au sens du goût ce pour quoi il a évolué (du gras et du sucré), cela ne s'accompagne pas de réactions incroyables. Le goût est relativement flexible. Mais cela ne semble pas être le cas pour le sens moral. Quand on ne donne pas au sens moral ce qu'il veut, les réactions sont tout autres (pensez aux grèves de la faim, ou aux immolations par le feu, qui sont des cas extrêmes dont le point de départ est souvent une forte indignation morale). Le sens moral semble beaucoup plus rigide dans les stimuli qu'il accepte.

De plus, si l'utilitarisme a effectivement été bénéfique pour lutter contre les discriminations dans le passé, son association aujourd'hui avec le « progrès moral » n'est plus systématique. L'utilitarisme était « progressiste » dans l'Angleterre victorienne de Bentham parce qu'il amenait souvent à prendre la défense du plus grand nombre (le peuple) face à une élite bourgeoise minoritaire. Aujourd'hui, l'utilitarisme reste progressiste sur certains sujets tels que les droits des animaux, considérés comme des êtres dont le bonheur doit aussi être maximisé, mais très conservateur sur d'autres thèmes, comme la nécessité de moins médiatiser les torts faits aux minorités, qui par définition ne constituent pas « le plus grand nombre ».

L'utilitarisme peut donc très bien fournir des arguments aux conservateurs.

Nous pourrions aussi faire remarquer que si l'utilitarisme a été précurseur pour certains sujets comme l'esclavage, il s'est aussi trompé sur beaucoup de choses. Après tout, l'utilitarisme devait déjà postuler au XIXe siècle qu'il peut être moral dans certaines situations de ne pas payer son voisin venu tondre la pelouse. Or, deux siècles plus tard, il semblerait que nous n'ayons toujours pas changé d'avis sur ce point. Si l'utilitarisme a eu raison sur certains points mais pas sur d'autres, c'est peut-être qu'il a eu raison par hasard, ou pour de mauvaises raisons.

Aujourd'hui, peu de philosophes contemporains adhèrent d'ailleurs à un utilitarisme hard-core[16]. Ils privilégient généralement l'utilitarisme indirect, la version soft de l'utilitarisme qui n'implique pas de critique radicale de la société ni de changement important de nos comportements. L'exception la plus connue est peut-être Peter Singer. Le philosophe australien pense que l'on devrait, au moins dans certaines situations, aller à contre-courant de nos intuitions. Cependant, il reconnaît que privilégier la réflexion à l'intuition n'est pas toujours une bonne idée, qu'« il y a des cas où nous avons des intuitions décentes et l'idéologie nous pousse à les ignorer, et d'autres où nous avons des intuitions qui nous égarent[17] ». Si on se contente de dire cela sans préciser les limites respectives de l'intuition et de la réflexion, on risque de réintroduire de l'arbitraire dans la morale. Or c'était précisément un des buts et attraits de l'utilitarisme que de se passer d'arbitraire.

Ce n'est pas non plus parce que l'utilitarisme est une morale réflexive qu'elle est forcément supérieure à la morale intuitive que l'on aurait en partie héritée de l'évolution. Beaucoup de gens établissent une hiérarchie *naturelle* entre raison et intuition, plaçant la première au-dessus. Mais nous n'avons pas d'échelle de valeur supérieure qui nous permette de comparer ces deux morales. Tout ce que nous avons, c'est d'un côté notre morale intuitive qui nous affirme avec entrain qu'elle est la vraie morale et de l'autre notre morale réflexive qui nous soutient mordicus que c'est elle la boss. Aucune entité supérieure n'existe pour les départager.

De façon plus générale, la biologie pose des limites à ce qu'il est humainement *possible* de faire, même si c'est une idée qui déplaira à beaucoup. Si je vous demande de vous repérer dans le noir en pratiquant l'écholocation comme le font les chauves-souris, vous allez me répondre que vous ne le pouvez pas, que cela vous est physiquement impossible. De même, si je vous donne un pistolet et que je vous demande de tirer sur un membre de votre famille, il est probable que vous répondrez « je ne peux pas » à cette injonction *contre-nature*. Vous n'en êtes pas physiquement mais psychologiquement incapable ! Si aller contre-nature n'a rien de mal en soi, et si la nature n'a pas à nous dicter la façon dont nous devons nous comporter, il ne faut pas nous attendre à ce que ce soit toujours une partie de plaisir. Se débarrasser de son sens moral pourrait être aussi difficile que se débarrasser de son sens du goût. Et quand bien même on arriverait à *reprogrammer* notre sens moral, comment savoir quelles en seraient toutes les conséquences ? Si l'on arrivait à altérer notre sens du goût pour lui faire cesser d'aimer les aliments gras et sucrés, quelles seraient les conséquences pour notre santé ? C'est certainement possible en partie, comme en atteste le nombre de personnes suivant un régime particulier. Mais cela se fait de préférence dans des conditions contrôlées et sous surveillance médicale, afin de prendre en compte les risques de carence, bien étudiés par la science. Dans le domaine moral, de telles études n'existent pas…

Ce qui nous ramène aux rapports entre science et morale de façon plus générale. La science, parce qu'elle décrit comment les gens sont, nous informe en partie sur ce que les gens sont *capables* de faire. De plus, la science, par les connaissances qu'elle produit, nourrit les entrées de votre sens moral et influence donc vos jugements moraux. On entend parfois que la science n'a pas son mot à dire dans la détermination des objectifs que nos sociétés doivent atteindre, que cela appartient au domaine du politique. La science serait cantonnée à indiquer comment atteindre les buts que le politique décide. Cependant, nos objectifs sont en grande partie influencés par nos jugements moraux et nos jugements moraux par notre connaissance du monde. Indirectement, la science influe donc bien sur nos objectifs. Par exemple, si vous devez vous prononcer sur la pertinence de la création d'une aide sociale (c'est-à-dire que vous devez déterminer un objectif), vous voudrez sûrement savoir qui en bénéficierait, quels sont les besoins et la précarité de son public. Ces informations vous seront apportées par des enquêtes et de la science au sens large. S'il est vrai que la science ne fournit pas directement de valeurs morales et qu'elle ne permet pas de trancher en faveur d'une théorie *normative* particulière, elle nous apporte des informations qui influencent nos objectifs.

Cela ne veut en revanche pas dire que la science simplifiera les débats et la prise de décision. En réalité, elle les complexifiera même sûrement. Imaginez qu'il y ait un meurtre et qu'il faille compenser le coût d'opportunité de la vie ôtée.

Combien vaut une vie humaine, s'il était possible de le quantifier ? Cent mille euros ? Un million d'euros ? Cent millions d'euros ? Les malheureux qui se sont essayés à ce genre de calcul sont arrivés à des estimations qui varient de plusieurs ordres de grandeur. Ou prenez le désaccord sur l'origine de la pauvreté, dont nous avons parlé au chapitre 3. À supposer que ce soit un critère important, comment savoir si un pauvre est pauvre parce qu'il est paresseux ou parce qu'il n'a pas eu de chance dans la vie ? À nouveau, bon courage pour répondre à cette question. Toutes ces informations resteront toujours très difficiles, voire impossibles à estimer, même avec une méthode scientifique.

Enfin, l'étude biologique de la morale peut amener plus de tolérance entre humains. Si vous regardez vers le passé, vous pouvez peut-être identifier des sujets sur lesquels votre morale a changé. Ce n'est pas une tâche facile, car ces changements se font de façon continue et il est courant de s'imaginer que l'on a toujours pensé ce que l'on pense aujourd'hui. Souvent, on ne se rendra compte du chemin parcouru qu'à la faveur d'une immersion dans le passé, par exemple en regardant une émission télévisée que l'on adorait étant jeune (et que l'on trouve choquante aujourd'hui). Si vous lisez mon livre dans les années 2020, il est probable que vos changements moraux récents aient eu un rapport avec l'environnement, la souffrance animale ou la place faite aux femmes dans la société. Et si vous avez déjà changé dans le passé, pourquoi ne changeriez-vous pas encore à l'avenir ? Quels sont les jugements que vous avez aujourd'hui, les comportements que vous adoptez, que vous trouverez problématiques dans le futur ? Quelles personnes vous critiquant moralement aujourd'hui peuvent être considérées comme des « vous du futur », des personnes dont l'opinion a évolué un peu plus vite que la vôtre sur certains sujets ? Bien sûr, toutes les personnes qui vous font des reproches ne sont pas forcément dans le vrai : nous l'avons vu, les jugements moraux sont fortement dépendants des informations que l'on a sur le monde et beaucoup de gens n'attachent pas d'importance à vérifier l'exactitude de ces informations. Mais si vous avez déjà évolué dans le passé, il serait surprenant que vous n'évoluiez pas de nouveau dans le futur. Après tout, vous aussi allez apprendre de nouvelles informations sur le monde et mettre à jour vos croyances, ce qui fera évoluer vos jugements moraux. Prenez donc cinq minutes pour vous demander : quels seront les sujets de ces évolutions ?

S'il y a bien une chose que j'ai apprise en étudiant la morale, c'est qu'il est facile de faire varier les jugements d'une personne en ne changeant que très peu les informations qu'on lui donne. Nous l'avons vu au chapitre 3, changer une phrase suffit à faire converger l'avis de personnes très différentes sur un sujet aussi clivant que les aides sociales. Et pourtant, ce que nous avons tendance à faire quand nous sommes en désaccord moral avec quelqu'un, c'est douter de l'existence même de sa morale. Quand quelqu'un nous dit quelque chose d'inacceptable, nous avons tendance à conclure que cette personne est immorale. Nous avons tendance à nous dire qu'elle défend égoïstement ses intérêts ou ceux de son groupe. C'est une possibilité. Il existe en effet des gens qui n'en ont pas grand-chose à faire des autres et qui défendent leurs propres intérêts avant tout. Mais avant de condamner votre interlocuteur *ad vitam aeternam*, pensez à ces naturalistes et leurs idées loufoques sur l'existence d'un sens moral universel. Considérez un instant que votre interlocuteur puisse être réellement motivé par la même chose que vous, à savoir vivre dans un monde plus juste. Peut-être que vous souhaitez tous les deux la même chose, mais que vous n'avez pas accès aux mêmes informations.

Aux utilitaristes qui considèrent qu'on accorde trop d'importance à certaines morts, certes tragiques mais minoritaires, on pourra rétorquer qu'ils sont inhumains, prêts à laisser tomber les minorités. Aux non utilitaristes qui préfèrent s'occuper des morts tragiques mais négligent au passage la majorité qui souffre de façon moins visible, on pourra rétorquer qu'ils sont inhumains, incapables de gérer leurs priorités. Tous les humains sont inhumains. Essayons de mieux comprendre l'humain d'à côté avant de lui taper dessus.

Ce qu'il faut retenir

La biologie est parfois utilisée pour justifier des décisions morales, « ce qui est naturel » étant confondu avec « ce qui est désirable ». Non seulement cela ne va pas de soi, mais ce raisonnement peut tout aussi bien mener à des politiques humanistes qu'à des idéologies intolérantes. La biologie moderne insiste d'ailleurs sur la probable existence d'un sens moral « naturel » et universel, aux côtés de notre bon vieil égoïsme. Si cela ressemble à un message d'espoir, certains pensent que ce sens moral est encore trop biaisé. L'étudier resterait le meilleur moyen de savoir d'où viennent nos valeurs, et de mettre en place des stratégies d'émancipation pour ceux qui le souhaitent.

À VOUS DE CONCLURE !

Interrogation surprise ! Un suricate qui, face à un prédateur, se met à pousser des cris, alertant son groupe mais devenant une proie facile, peut-il être considéré comme altruiste ?

Je vous laisse réfléchir. Prenez votre temps, c'est la dernière fois que je vous embête.

En fonction de ce que vous avez retenu de ce livre, vous avez pu apporter trois réponses : « oui », « non », et « oui mais non ».

Si vous avez répondu oui, vous constatez que le suricate se met effectivement en danger et, ce faisant, protège les autres. Il paye un coût tout en procurant un bénéfice aux autres. C'est bien de l'altruisme, au moins au niveau comportemental.

Si vous avez répondu non, vous vous dites sûrement que bien que le petit mammifère ait l'air de se comporter de façon altruiste, on ne sait pas ce qu'il a dans le crâne. Peut-être que le suricate a crié par réflexe, mais pas du tout dans le but de prévenir ses camarades. Peut-être qu'il n'avait aucune *motivation* altruiste. Dans ce cas, en se concentrant sur ce qui se passe au niveau psychologique, il n'y a effectivement pas d'altruisme.

Enfin, si vous avez répondu « oui mais non », vous vous dites peut-être que même si le suricate s'est mis en danger pour sauver ses camarades, parmi eux se trouvent sûrement beaucoup de proches. Le suricate sauve donc sa famille et favorise la propagation de ses gènes en poussant ses petits cris. Au niveau des gènes, ce comportement n'est donc pas coûteux mais bénéfique.

Les trois logiques se tiennent. Elles mettent en évidence trois manières de penser et constituent la base de la distinction entre trois types d'altruisme : l'altruisme comportemental, l'altruisme psychologique et l'altruisme biologique[1]. Quand on observe un comportement, on peut s'intéresser soit à ses causes, soit à ses conséquences (voir figure 2). Ceux qui s'intéressent à ses causes ne parleront d'altruisme que si les causes sont altruistes, c'est-à-dire si le comportement est *motivé psychologiquement* par un intérêt pour le bien-être d'autrui. C'est le sens courant du mot dans la vie de tous les jours : quand on fait référence à un acte altruiste, on fait généralement référence à un acte motivé psychologiquement par le souci de l'autre. Malheureusement pour vous, ce n'est pas le sens qu'ont choisi de conserver de nombreux chercheurs, qui préfèrent se focaliser sur les conséquences. Pour ne rien arranger, ces chercheurs se divisent en deux camps : ceux qui s'intéressent aux conséquences à court terme et ceux qui s'intéressent aux conséquences à long terme. Les premiers étudient l'altruisme comportemental, les seconds l'altruisme biologique.

Les biologistes, eux, ont choisi de réserver le mot « altruisme » aux comportements coûteux sur le long terme. La raison en est simple : en biologie, les coûts sont mesurés en termes de valeur sélective, c'est-à-dire de nombre de descendants laissés à la génération suivante.

Ces descendants doivent forcément être mesurés sur une vie entière. La focalisation sur les conséquences et non les causes explique aussi pourquoi un biologiste ne verra pas de

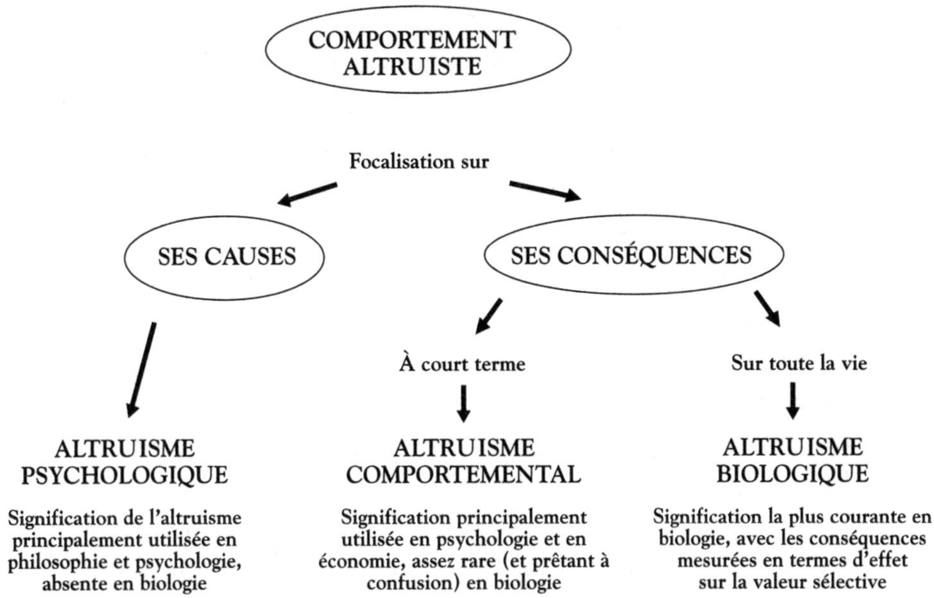

Figure 2 – Les différentes définitions de l'altruisme que l'on peut retrouver dans la littérature scientifique. Pour un biologiste, seuls les comportements qui sont coûteux pour un individu et apportent des bénéfices aux autres, avec les coûts et bénéfices mesurés en termes de nombre de descendants moyen laissés à la génération suivante, méritent le nom d'altruisme. L'évolution de tels comportements ne peut s'expliquer que par sélection de parentèle, c'est-à-dire que ces comportements sont codés par des gènes qui favorisent leur propre reproduction dans d'autres organismes.

problème à dire que les abeilles sont altruistes, même si cela doit écorcher les prudes oreilles qui considèrent qu'un terme aussi noble ne peut être appliqué à une espèce aussi *basique* que l'abeille[2]. En fait, même les êtres vivants qui ne possèdent pas de cerveau peuvent être altruistes pour un biologiste, car seules les conséquences à long terme d'un comportement comptent, pas ses causes. Kropotkine avait prophétisé en 1906 :

« On découvre l'aide mutuelle même parmi les animaux les plus inférieurs, et il faut nous attendre à ce que, un jour ou l'autre, les observateurs qui étudient au microscope la vie aquatique, nous montrent des faits d'assistance mutuelle inconsciente parmi les microorganismes[3]. »

Son intuition était bonne. Nous savons aujourd'hui que les bactéries montrent de nombreux exemples d'« assistance inconsciente », qui méritent le nom d'altruisme pour un biologiste.

L'économiste*, lui, s'intéresse souvent aux conséquences à plus court terme d'un comportement. Cela explique pourquoi un biologiste ne sera pas forcément d'accord avec un économiste qui qualifiera un don à un mendiant d'altruiste. Pour un économiste, un don à un mendiant constitue un coût payé pour procurer un bénéfice à un autre. Il s'agit donc bien d'altruisme comportemental. Le biologiste fera néanmoins remarquer qu'il est possible que ce coût soit compensé d'ici la fin de la vie du donateur, par l'intermédiaire d'une meilleure réputation par exemple**. Tous les comportements d'aide ne sont donc pas forcément altruistes pour le biologiste.

---

* Je parle des chercheurs en microéconomie, qui modélisent les comportements et étudient la prise de décision, pas des économistes qui étudient le chômage, l'inflation, etc.

** Plus précisément, le coût d'une action particulière n'a pas besoin d'être directement compensé. L'important est que le *mécanisme psychologique* à l'origine de cette action apporte des bénéfices en moyenne sur toute une vie.

Ces différentes utilisations du mot « altruiste » ne facilitent pas les dialogues entre les disciplines. Tous les chercheurs s'accordent pour dire qu'un comportement altruiste fait référence à un comportement « coûteux qui bénéficie à l'autre ». Derrière cet apparent accord, chaque discipline aura tendance à utiliser le mot « altruisme » différemment, en fonction de pour qui sont calculés les coûts (l'individu ou le gène), sur quelle durée ils sont calculés (à court terme ou sur toute la vie) et si on s'intéresse aux causes ou conséquences de ce comportement. De mon côté, j'espère que cette triple distinction vous permettra à l'avenir d'écouter un biologiste dire que « l'altruisme est de l'égoïsme déguisé » sans vous étrangler. Le « est » n'est pas à comprendre en termes d'équivalence mais en termes d'explication, et l'« égoïsme déguisé » fait référence à l'égoïsme du long terme, l'égoïsme des gènes, l'égoïsme de la sélection naturelle, qui n'interdit pas qu'au niveau psychologique, les motivations soient réellement pures et désintéressées. Ne soyez pas plus choqué par la célèbre citation du biologiste Michael Ghiselin, qui veut dire exactement la même chose : « Égratignez un altruiste et vous verrez un hypocrite saigner[4]. »

Passons à la « coopération ». Quelle définition pouvons-nous donner de la coopération (je vous avais promis des définitions, les voilà) ? Ce mot a de nouveau différentes significations dans différentes disciplines, et même au sein d'une même discipline en fonction du chercheur qui l'emploie. En biologie, une définition largement acceptée fait de la coopération une catégorie plus large que l'altruisme, une catégorie qui englobe l'altruisme (voir figure 3)[5]. La coopération est en effet simplement définie comme un comportement qui bénéficie aux autres, qu'il soit coûteux ou bénéfique pour le coopérateur. Plus précisément, il s'agit d'un comportement qui bénéficie aux autres *et qui a été sélectionné car il bénéficiait aux autres*. Cette précision ne vous permettra pas de remporter le prix de la meilleure anecdote de fin de repas, mais elle est importante car elle permet d'exclure les cas où le bénéfice apporté n'est qu'un *sous-produit* du comportement. Imaginez un éléphant en train de déféquer, et une mouche qui passerait par là et pondrait sur la bouse. Oui, je sais, vous avez connu mieux comme entame de conte de fées. Je fais ce que je peux, je suis biologiste. En déféquant, l'éléphant procure bien un bénéfice à l'insecte, par la mise à disposition d'une résidence de rêve pour y élever ses enfants. Cependant, personne n'aurait envie de dire que le pachyderme a coopéré avec la mouche en se débarrassant de ses restes digestifs ! L'éléphant a d'abord fait cela pour son bénéfice personnel et le fait que cela apporte aussi un bénéfice à la mouche n'est qu'un épiphénomène, ce qu'on appelle un « sous-produit ». Le biologiste dira : « La défécation n'a pas été sélectionnée car elle apportait des bénéfices à la mouche, elle a été sélectionnée pour ses bénéfices pour l'éléphant. »

La coopération est donc un comportement bénéfique aux autres (le bénéfice toujours mesuré en termes de valeur sélective). Si ce comportement est en plus coûteux pour l'acteur, le biologiste l'appellera de l'altruisme. S'il est au contraire bénéfique pour l'acteur, le biologiste parlera de comportement mutuellement avantageux. Autrement dit, les comportements altruistes sont une sous-catégorie des comportements coopératifs.

Qu'en est-il de la morale ? Peut-on enfin lui donner une définition ? Rappelons d'abord que, comme pour l'altruisme, le mot « morale » peut faire référence à plusieurs choses : l'algorithme moral en lui-même (le sens moral), les calculs que

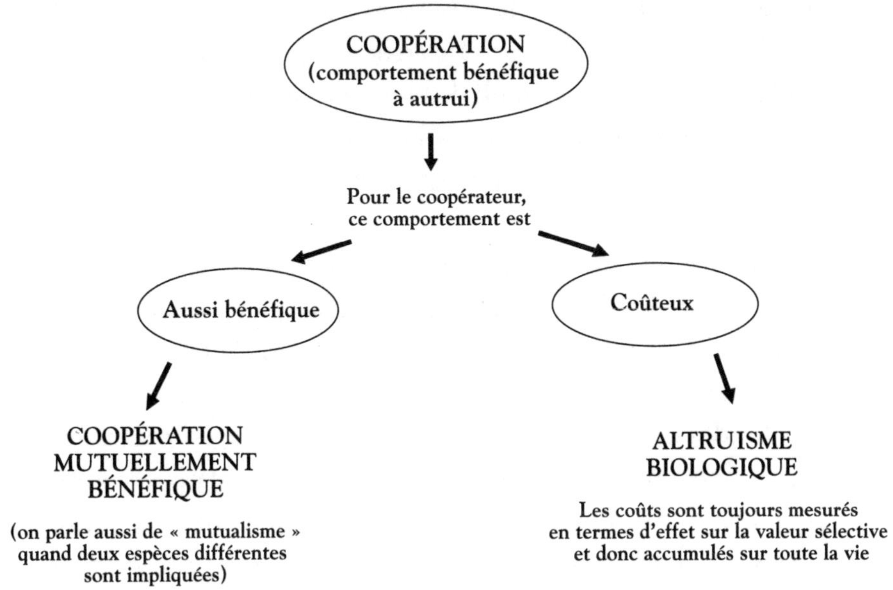

Figure 3 – Les relations entre coopération et altruisme pour un biologiste. Les comportements altruistes sont un sous-ensemble de comportements coopératifs qui, eux, englobent l'intégralité des comportements qui apportent des bénéfices aux autres.

fait cet algorithme, les jugements que produit cet algorithme, le ressenti subjectif associé à ces jugements, les comportements fondés sur ces jugements, ou encore les stimuli de l'Univers auxquels ce sens réagit. Je ne pouvais pas vous présenter toutes ces subtilités en début de livre, mais si vous débattez de morale avec un autre naturaliste, il pourra être utile de lui faire préciser à quel concept il fait référence.

Ensuite, comme je vous le disais, en tant que biologiste je suis plutôt intéressé par la découverte d'une définition *fonctionnelle* de la morale : la raison pour laquelle elle aurait évolué. Je suis sur la trace des calculs que fait l'algorithme moral, ainsi que des stimuli de l'Univers auxquels il réagit. La plupart des biologistes s'accordent pour dire que ces calculs sont intimement liés à la question de la coopération, et à la question de la *régulation* de la coopération en particulier. La morale serait un moyen qu'a trouvé la sélection naturelle pour contraindre les formes de coopération que l'humain exerce. Au-delà de cette définition générale et dans l'état actuel de la recherche, impossible de dégager un consensus. Si vous me demandez mon avis, je vous dirai que la morale est probablement une affaire de remboursement des coûts d'opportunité que l'on fait subir aux autres lorsqu'ils coopèrent avec nous. Dans ce cas, les stimuli de l'Univers auxquels le sens moral réagit sont les coûts d'opportunité. Si vous demandez l'avis d'un partisan de la sélection de groupe culturelle, il vous donnera une tout autre réponse, faisant de l'aide à la compétition entre groupes la véritable fonction de la morale. Ne vous inquiétez donc pas, chercheurs du futur, les chercheurs du passé vous ont laissé un peu de travail.

Voilà, c'est ici que nos chemins se séparent, chers lecteurs. Dans l'avant-propos, je vous faisais part de mon désir d'illustrer l'importance de l'interdisciplinarité pour étudier la morale. J'espère que cette importance vous apparaît maintenant clairement. Une théorie descriptive de la morale (ou de n'importe quel comportement humain) ne peut pas émaner de philosophes, de sociologues, d'anthropologues ou de biologistes qui travaillent seuls dans leur coin. Une théorie descriptive du comportement doit être une théorie interdisciplinaire, qui fait la synthèse de résultats dans des domaines différents et essaie de voir comment les problèmes rencontrés par certaines disciplines peuvent être résolus par d'autres. Dans ce livre, je vous ai parlé de philosophie, de biologie, d'anthropologie, d'économie, de psychologie, de développement de l'enfant, de modélisation, de primatologie…

Cet environnement interdisciplinaire, je ne l'ai jamais mieux ressenti pendant mes études qu'au sein de cette école de pensée qu'on appelle « psychologie évolutionnaire ». J'ai essayé de vous montrer que son approche intégrative portait ses fruits, dans le cas particulier de la morale. Les philosophes sont ennuyés pour expliquer l'origine du contrat que les humains semblent avoir passé entre eux ? Les biologistes peuvent résoudre ce problème en montrant que la sélection naturelle a l'habitude de passer des contrats pour les êtres vivants. Les primatologues sont embêtés pour distinguer les émotions spécifiquement morales des émotions non morales ? Les philosophes peuvent les aider dans cette caractérisation. Les anthropologues ont du mal à concilier variabilité et universalité morale ? Les sciences cognitives et leur vision algorithmique fournissent une articulation. Les biologistes veulent savoir si un mécanisme évolutionnaire a bien lieu dans les sociétés traditionnelles ? Les anthropologues auront la réponse à cette question.

Toutes ces disciplines ont leur mot à dire pour étudier le comportement humain et la biologie de l'évolution constitue le liant parfait. C'est elle qui fait le lien entre niveau évolutionnaire et niveau psychologique, entre égoïsme des gènes et altruisme des sentiments, entre précâblage du cerveau et prise en compte de l'environnement. Theodosius Dobzhansky, éminent théoricien de l'évolution, le résume bien : « Rien en biologie n'a de sens, si ce n'est à la lumière de l'évolution[6]. » Quelques lignes plus loin, le biologiste précisait sa pensée :

« [Sans la lumière de l'évolution, la biologie] devient une pile de faits divers, dont certains sont intéressants ou curieux mais qui ne forment pas de vision d'ensemble qui a du sens. »

En ce qui concerne la morale précisément, j'espère avoir réussi à transformer un peu la pile de faits en une vision qui a du sens, chanceux que je suis d'être juché sur les épaules de géants.

POSTFACE

Nicolas Baumard

« Je crois en la logique, en la séquence de cause à effet, et en la science, sa fille unique, notre loi, qui a été conçue par les anciens Grecs, a prospéré sous Isaac Newton, a souffert sous Albert Einstein... »

ANONYME, *Fragment*, XXe siècle

Pourquoi notre cerveau a inventé le bien et le mal (PNCBM) a été écrit et publié en Europe occidentale, durant la première moitié du XXIe siècle de l'ère Pré-Contact. Il est évidemment difficile au lecteur moderne de se faire une idée précise et juste de cette période reculée. Il nous a donc semblé nécessaire d'adjoindre au texte de Stéphane Debove une postface qui présente le contexte historique et culturel du livre. Elle permettra aux lecteurs modernes de se faire une idée plus précise des enjeux du texte. Nous pensons en particulier aux lecteurs les plus jeunes, notamment les lycéens qui suivent les cours « Introduction à l'histoire des sciences anciennes : Eudoxe, Newton, Darwin et Wang » et « Les loisirs intellectuels dans la Terre de la période Pré-Contact, de Plutarque à Yuval Harari ».

Quelques mots du texte en lui-même d'abord. Il n'est sans doute pas inutile de rappeler que ce livre fut d'abord publié en format papier (c'est-à-dire sous forme de feuilles reliées les unes aux autres et attachées à un revers cartonné), un format qui commençait à disparaître au début du XXIe siècle, mais encore largement utilisé pour des raisons qui demeurent assez obscures*. Il est également à noter qu'une première version du texte semble avoir d'abord circulé sous forme de vidéos sur « YouTube », une plateforme commerciale très populaire de l'époque. Ces vidéos, où l'auteur se filmait lui-même en train d'expliquer son propos, sont typiques des débuts du réseau et préfigurent le développement des médias personnels des XXIIe et XXIIIe siècles**. La médiation scientifique est donc déjà en train de changer, puisque le livre n'est plus le seul médium et que, dans le cas de PNCBM, la vidéo précède le livre. Cependant, la mutation n'est pas encore achevée. Nous revenons plus loin sur cette évolution des loisirs intellectuels.

Le texte original est en « français moderne », une langue indo-européenne de la famille des langues romanes, qui est à l'époque principalement utilisée en Europe occidentale, en Afrique et dans certaines régions d'Amérique du Nord.

---

* Ce format ne doit pas être confondu avec le papyrus et le parchemin. Le premier, produit à partir de tiges d'une plante, appelée également « papyrus » (*Cyperus papyrus*), a cessé d'être utilisé vers le VIIIe siècle. Le second, fabriqué à partir de peau généralement d'agneau, mais aussi de veau ou de chevreau, est utilisé jusqu'au XVe siècle avant d'être remplacé par le papier qui, lui, a cessé d'être utilisé vers le XXVIe siècle.

** Les archives de Circonstances spéciales, qui ont observé la Terre jusqu'à la fin du XXIe siècle, permettent de revoir certains épisodes d'*Homo fabulus*. Jusqu'à 2100, la Terre est en effet dans le groupe contrôle du protocole « Planète en développement ».

Là encore, le texte est publié dans une période de transition puisqu'après plus de cinq cents ans d'existence, le français moderne entame une période de déclin, qui le mènera à son remplacement par l'anglais pré-galactique, l'ancêtre direct de la langue d'usage universelle (LUU) dont nous faisons usage aujourd'hui. La disparition du français demeurait cependant un phénomène latent, et donc peu visible aux yeux des contemporains. Nombre d'entre eux n'en avaient pas encore clairement conscience (par exemple, il est notable que, dans le système scolaire de l'époque de Debove, le latin, une langue morte depuis plusieurs centaines d'années, était encore utilisé de préférence à l'anglais pré-galactique comme outil de sélection scolaire). De fait, au moment de la publication de PNCBM, si le français moderne n'est plus la langue de travail scientifique ni la langue des affaires, il demeure la langue de la vie quotidienne et des loisirs.

En dépit de la distance linguistique et culturelle qui nous sépare de Debove, nous espérons que le texte demeure intelligible au lecteur moderne. Nous avons notamment essayé de traduire en LUU l'utilisation par l'auteur des genres féminins et masculins, qui permettaient à l'époque de distinguer les individus genrés comme femmes des individus genrés comme hommes (rappelons que le genre était encore binaire au début du XXIe siècle). Plusieurs milliers d'années après la disparition de ce type de marqueurs, il est évident que notre tentative ne pouvait qu'être délicate. Nous nous excusons en particulier auprès des lecteurs sur les références explicites à l'appareil génital d'une personne et à ses préférences sexuelles. Il convient de garder à l'esprit qu'il s'agit d'un texte très archaïque (les lecteurs intéressés sont invités à suivre le cours « Anthropologie et psychologie évolutionnaire des humains non génétiquement modifiés »). Plus difficile encore a été de rendre le sens de certaines allusions comiques de l'auteur, comme celle impliquant les géologues. En dépit de tous nos efforts, nous reconnaissons qu'elles sont probablement destinées à rester obscures au lecteur moderne (tout comme au traducteur).

Quelques mots enfin du contexte historique. Nous l'avons dit : PNCBM est publié en 2021, c'est-à-dire plus de soixante-dix ans après la Seconde Guerre mondiale (1939-1945), le dernier grand conflit terrestre qui avait fait plus de 100 millions de morts. Ces soixante-dix ans constituaient la plus longue période de paix et de croissance économique que l'humanité avait connue jusque-là. En dépit des immenses progrès accomplis durant cette période en matière de développement humain, il faut cependant garder en tête que le début du XXIe siècle restait une période encore très pauvre. Les références répétées de Debove à la distribution des ressources, à l'argent et à la propriété sont là pour nous rappeler qu'il s'agissait d'une société de pré-abondance, dans laquelle la grande majorité de la population adulte devait travailler pour subvenir à ses besoins. De la même façon, si la majorité de la population mondiale avait accès à l'école primaire et à la médecine moderne (notamment aux vaccins), l'éducation supérieure était encore limitée et l'espérance de vie n'atteignait pas même un siècle dans les pays les plus avancés. Aucune forme de changement génétique n'avait véritablement commencé à être implémentée : à quelques exceptions près, les individus conservaient la même morphologie, la même physiologie, et ce toute leur vie. Ils ne pouvaient ni changer de sexe ni même intervenir sur leur propre développement (comme le suggère l'anecdote sur le trafiquant de drogue, même les psychotropes les plus basiques semblent avoir été illégaux au début du XXIe siècle).

Au niveau politique, l'unification de la planète n'avait pas encore débuté. Le mouvement « No Border » n'apparaîtrait qu'un demi-siècle plus tard, et même si le nationalisme était contesté depuis la Seconde Guerre mondiale, l'organisation du monde en termes d'États-nation n'était pas encore sérieusement remise en question*. Par ailleurs, si les régimes autocratiques étaient bien en diminution, les formes de régimes démocratiques demeuraient encore très frustes et l'anarchie sociale-capitaliste était encore inconnue. De fait, la gestion des communs planétaires était très rudimentaire et le climat se réchauffait inexorablement depuis plusieurs décennies déjà, sans que les habitants de la Terre ne parviennent à réduire leurs émissions de gaz à effet de serre. Bref, en 2021, le développement humain était encore relativement limité et, pour beaucoup de contemporains de Debove, l'idée que l'espèce humaine soit équipée d'une disposition morale semblait relever de la fiction.

Après ces rappels et ces précisions, tournons-nous à présent vers le texte. Pourquoi lire PNCBM aujourd'hui ? La

* Debove fait d'ailleurs souvent allusion à « la France », aux « Français » par opposition à d'autres nations comme les « États-Unis ». Il s'agissait d'un pays qui avait été très en avance dans le passé – les lecteurs ont peut-être entendu parler de la « Révolution française » –, mais qui depuis « basculait lentement, mais inéluctablement, dans la zone économique des pays moyen-pauvres », pour reprendre le diagnostic sans doute un peu dur de Michel Houellebecq, un écrivain influent de l'époque.

première raison tient à la grande clarté de ce texte. Debove a un génie de la médiation scientifique. Il parvient à introduire des notions très contre-intuitives pour l'époque (comme celle de gène égoïste, d'adaptation, d'innéité) d'une manière très naturelle. Il discute un à un les principaux obstacles cognitifs s'élevant sur le chemin de la compréhension (si la morale est une adaptation, pourquoi existe-t-il encore de la triche ? Si la morale est une adaptation, pourquoi les animaux non humains ne sont-ils pas eux aussi moraux ? Si la morale est une adaptation, pourquoi y a-t-il de la variabilité culturelle ?*), et parvient à chaque fois à révéler les failles de nos intuitions. Il sait également désamorcer avec humour et légèreté les apparents problèmes moraux posés par les approches naturalistes de la morale.

Les loisirs intellectuels étaient très populaires au début du XXIe siècle. En dépit de conditions de vie très précaires, il semble bien que les Terriens étaient curieux et avides de nouveauté. Les livres, les vidéos, les documentaires sur l'évolution biologique et culturelle étaient nombreux et populaires. Cependant, très peu d'entre eux parvenaient à combiner dans un même ouvrage rigueur, clarté et humour. C'est cette combinaison de qualités qui a conduit le livre de Debove à devenir au fil des siècles un petit classique d'histoire culturelle et d'histoire des sciences, qui est encore aujourd'hui lu par des millions de lycéens de par la galaxie. Et c'est la raison pour

---

* Il convient de rappeler au lecteur qu'en ces temps anciens, la diversité des langues que les Terriens pouvaient utiliser, des modes de vie qu'ils pouvaient embrasser, des régimes alimentaires qu'ils pouvaient privilégier, etc., était à peu de choses près proportionnelle à la distance kilométrique qui pouvait les séparer.

laquelle, année après année, le Comité anacréonien pour l'avancement de la science recommande ce texte pour le cours d'« Introduction aux sciences anciennes ».

L'histoire des sciences anciennes est jalonnée de grands épisodes : l'émergence des mathématiques et de l'astronomie mathématique en Grèce ancienne, la naissance de la science expérimentale au XVIIe siècle, la découverte de la théorie de l'évolution par Darwin au XIXe siècle. Le texte de Debove participe lui aussi d'un épisode important, épisode que l'on a appelé plus tard la « grande réconciliation des deux cultures », ou GR2C (l'expression, due à l'historien des sciences Abu Jawal, date du début du XXIIe siècle), et qui a vu la démarche naturaliste réconcilier les sciences naturelles et les sciences humaines.

Bien sûr, PNCBM ne constitue qu'un épisode – celui consacré à la morale – d'un vaste mouvement de naturalisation qui inclut également la conscience, la religion ou encore la culture. Par ailleurs, PNCBM ne marque ni le début de ce mouvement (que l'on fait parfois remonter jusqu'à Darwin, voire à Descartes) ni la fin (qui n'interviendra vraiment qu'en 2104 avec le premier article de Wang). Néanmoins, PNCBM apporte un témoignage vivant de la façon dont les scientifiques, les intellectuels et le grand public que l'on disait à l'époque « éclairés » ont vécu cette dernière vague de naturalisation.

Plus généralement, la GR2C est l'aboutissement d'un processus amorcé plus de vingt-cinq siècles plus tôt (nous renvoyons ici les lecteurs au début du cours).

On date en effet du VIe siècle avant l'ère commune, avec les physiciens de Milet (Thalès, Anaximandre, Anaximène), le début de la naturalisation du monde. Ce sont eux qui, les premiers, ont essayé d'expliquer des phénomènes apparemment non naturels (le mouvement des astres, les marées) à l'aide de causes naturelles. Cette enquête naturaliste s'est ensuite élargie à l'optique, à la chimie, à la biologie, à la géologie, etc.

Cependant, au moment où écrit Stéphane Debove, tous les domaines d'étude ne sont pas encore naturalisés, au sens où tous ne sont pas intégrés à un même ensemble de théories et de concepts issus de la physique. Les contemporains de Debove distinguaient d'ailleurs d'un côté les « sciences naturelles » (ce que l'on appelait alors la « physique », la « chimie », la « biologie ») et de l'autre les « sciences humaines et sociales » (« anthropologie », « sociologie », « économie », « psychologie », « philosophie »). Aux yeux de beaucoup, il s'agissait là de deux domaines indépendants du savoir : il y avait d'un côté les entités physiques (atomes, molécules, organismes), qui obéissaient aux lois physiques, et de l'autre les humains, et tout ce qu'ils produisaient (culture, société, art), qui ne peut être réduit à des lois physiques (il existe des divergences au sein du camp non naturaliste sur la possibilité de produire une véritable compréhension scientifique des humains).

Il est intéressant de relever qu'une pareille division n'ait pas été propre à la période qui précède la GR2C. Les lecteurs qui ont suivi les premiers chapitres du cours savent que la naturalisation des phénomènes biologiques fut déjà l'objet d'un âpre débat au XIXe siècle : peut-on réduire la vie à la chimie ? L'évolution du vivant peut-elle s'expliquer seulement à l'aide de causes naturelles ? Le débat s'est éteint de lui-même avec les progrès de la physiologie expérimentale et la découverte de la théorie de l'évolution au XIXe, puis l'avènement de la biologie moléculaire et de la génétique au XXe siècle.

De la même manière, les lecteurs ont sûrement en tête un autre épisode important de la naturalisation du monde, celui qui a vu Copernic, Galilée, Kepler et finalement Newton proposer une explication naturaliste des phénomènes supralunaires.

Bien sûr, il est difficile aujourd'hui de comprendre ce qui dérangeait autant les intellectuels et une partie du public de l'époque de Debove, tout comme il leur semblait sûrement difficile de comprendre comment les humains avaient pu croire jusqu'au XIXe siècle que la vie n'était pas réductible à la matière non biologique. Comme à l'époque de Darwin, nombre de contemporains de Debove craignaient qu'une explication naturaliste de la morale ne conduise au cynisme ou à l'amoralisme. Et comme à l'époque de Darwin, le développement des théories naturalistes de la morale n'a en rien changé le cours de l'histoire. Les humains ont continué à coopérer et à s'indigner comme avant. Il n'est même pas clair que les théories naturalistes aient eu un impact sur le développement de l'éthique, du droit ou même des algorithmes moraux qui commencèrent à équiper les intelligences artificielles. Bref, au travers de tous les contre-arguments qu'il passe en revue (langage, religion, éducation, etc.), le livre de Debove apporte donc aussi un éclairage remarquable sur les freins cognitifs et sociaux à la GR2C.

Notons ici une question intéressante d'histoire des sciences : pourquoi a-t-il fallu autant de temps aux humains pour naturaliser la morale ? La notion de sens moral et l'idée d'organe de la morale ne sont pas si nouvelles. Debove fait d'ailleurs référence au philosophe chinois Mengzi, contemporain de Platon et d'Aristote (IVe siècle avant l'ère commune). Sans aller jusqu'à Mengzi, plusieurs philosophes écossais du XVIIIe siècle, comme Hutcheson, Shaftesbury, Hume et Smith parlaient déjà d'organe de la morale en termes très proches de ceux utilisés par les psychologues évolutionnistes du XXIe siècle. Ces philosophes seront lus et commentés par Darwin et ses contemporains. Pourquoi la théorie naturaliste de la morale a-t-elle dû attendre encore plus de trois siècles pour s'établir scientifiquement ?

Il est possible de répondre de deux manières à cette question. On peut d'abord avancer une explication qui se focalise sur la dynamique interne de la science (c'est ce que les philosophes de l'époque de Debove appelaient une « explication internaliste »). Comme l'explique très bien Debove dans son livre, Darwin ne disposait pas d'une bonne théorie de la morale. À vrai dire, il ne disposait pas d'une bonne théorie de la coopération tout court. Ce n'est qu'un siècle plus tard que les biologistes ont vraiment commencé à comprendre l'évolution de la coopération. Darwin, trompé sans doute par l'exemple des insectes sociaux, pensait que la coopération pouvait évoluer de manière assez naturelle. En réalité, comme le montrera Hamilton, les insectes sociaux ne développent un niveau de coopération élevé que parce qu'ils sont apparentés génétiquement les uns aux autres. Par ailleurs, Darwin ne raisonnait pas encore au niveau du gène, ni même toujours au niveau de l'individu. Il faut attendre Williams pour comprendre qu'un gène qui incite à l'altruisme en faveur du groupe sera nécessairement désavantagé face à des gènes qui incitent à l'égoïsme. Ce n'est donc qu'avec Trivers et sa théorie de la réciprocité, formulée en 1971, que les humains disposèrent enfin d'un véritable mécanisme évolutionnaire stable pour expliquer l'évolution de la coopération entre individus non apparentés (on peut à la rigueur reculer cette date à 1973, année durant laquelle Maynard-Smith développa la notion de stratégie évolutionnairement stable qui permet d'appliquer à la théorie de la réciprocité le formalisme de la théorie des jeux).

À partir de 1971, il est donc possible de formuler une théorie évolutionnaire de la morale. De fait, dans ce qui va devenir l'ouvrage de philosophie politique du XXe siècle, le philosophe John Rawls notait que la théorie de Trivers était susceptible de fournir une explication aux intuitions de justice universellement observées chez les humains. Le lecteur attentif notera pourtant que le livre de Debove est postérieur d'exactement cinquante ans aux travaux de Trivers et de Rawls. Là encore, on peut se demander : pourquoi a-t-il fallu attendre un demi-siècle supplémentaire ? Dans un ouvrage aujourd'hui perdu (mais dont certains passages ont survécu), Nicolas Baumard* avance l'explication suivante :

« Il faut sans doute attendre l'émergence de la psychologie évolutionnaire, dans les années 90 [Baumard parle ici des années 1990], pour que l'intégration entre naturalisme et mutualisme soit possible. Comme nous l'avons noté, les approches naturalistes précédemment développées (écologie comportementale ou sociobiologie, éthologie humaine) partent

* Rien d'autre n'a survécu de ce chercheur, probablement un historien mineur du XXIe siècle. Est-ce le même individu que remercie Debove dans son livre ? Faute de documentation suffisante, cette question est probablement appelée à rester non résolue. Le grand orage magnétique de 2043 a détruit une grande partie de la production scientifique de la période post-1995, ce qui explique sans doute qu'aucune des œuvres de Baumard ne nous soit parvenue.

soit des mécanismes évolutionnaires, soit du caractère naturel de notre capacité morale (innéité, universalité, etc.), et en déduisent une théorie de la morale. […] La psychologie évolutionnaire opère au contraire un va-et-vient constant entre les mécanismes évolutionnaires et les descriptions psychologiques (Barkow, Cosmides et Tooby, 1992 ; Pinker, 1997). Elle part des jugements moraux tels qu'ils sont décrits par les philosophes et les psychologues, et cherche à les expliquer de manière évolutionnaire. Les hypothèses évolutionnaires font à leur tour des prédictions quant à la logique de nos jugements moraux. »

Selon Baumard, le chaînon manquant était donc une meilleure articulation entre le niveau ultime des mécanismes évolutionnaires (le choix du partenaire dans le livre de Debove) et le niveau proximal des mécanismes psychologiques (le dispositif de compensation des coûts d'opportunité chez Debove).

Il est également possible d'examiner la question de l'émergence d'une théorie naturaliste de la morale sous l'angle des facteurs économiques et sociaux à l'origine de l'exploration scientifique (c'est ce que les philosophes de l'époque de Debove auraient sans doute nommé une « explication externaliste »). Comme on l'a dit, la GR2C a été défendue dès le XVIIe siècle par des philosophes comme Descartes ou La Mettrie. Pendant longtemps néanmoins, la naturalisation de la morale, de la conscience ou encore de la culture demeurent au stade de l'idée et ne s'incarnent pas dans des programmes de recherche véritables. De fait, près de quatre cents ans après Descartes, dans les années 2000 (au moment où Debove lui-même entame ses études universitaires), le système de recherche n'est toujours pas organisé de manière naturaliste : d'un côté les départements de sciences naturelles s'occupent des phénomènes dits « naturels » et, de l'autre, les départements de « sciences humaines et sociales » s'occupent des phénomènes humains.

Tout au long de la période allant de Descartes à Debove, il existe certes des scientifiques pour défendre l'idée d'un grand programme naturaliste. Cependant, ces scientifiques ne sont pas écoutés. Au contraire, leurs propositions rencontrent souvent l'hostilité ou le mépris. Puis, en quelques années seulement, un basculement s'opère au sein des sciences naturelles : la psychologie expérimentale, les neurosciences cognitives, la biologie évolutionnaire, l'écologie comportementale s'emparent des phénomènes proprement humains comme la conscience, la culture et la morale et en font des objets de recherche tout à fait légitimes. C'est ainsi qu'au début du XXIe siècle apparaissent tour à tour une psychologie de la morale, une neuroscience de la morale, une biologie évolutionnaire de la morale, une écologie comportementale de la morale (on pourrait même détailler encore : une psychologie cognitive de la morale, une psychologie du développement de la morale, une psychologie comparée de la morale). En quelques années, plusieurs milliers d'articles sont publiés sur la morale. Tout ce qui peut être quantifié – les émotions morales, les écarts à la norme utilitariste, la générosité, la tricherie, la distribution des richesses – fait l'objet de centaines d'expériences différentes. Le mouvement est tellement soudain et massif qu'au moment où Debove termine sa thèse*, l'étude de

* Il s'agit d'une sorte de livre certifiant produit par l'étudiant à la fin de son parcours universitaire et qui donnait ensuite un accès exclusif à certaines positions académiques. Le système, devenu inutile, disparut au cours du XXIe siècle.

la morale fait désormais partie de la « science normale », pour utiliser l'expression d'un presque contemporain de Debove, le sociologue des sciences Thomas Kuhn.

À la vue de cette séquence historique*, on peut conclure que la naturalisation de la morale était « dans l'air du temps » et qu'elle correspond à un mouvement plus général d'élargissement des sciences naturelles aux phénomènes comme la culture, la conscience, la religion.

Notons que cette explication externaliste n'est pas incompatible avec l'explication internaliste discutée plus haut : les avancées de Williams, Hamilton, Trivers et Maynard-Smith étaient nécessaires à l'émergence d'une théorie naturaliste de la morale, mais ce qui explique qu'elles aient eu lieu à la fin du XXe siècle, et pas avant, ni après, est dû à l'expansion générale des sciences naturelles, portée elle-même par l'expansion massive de la recherche fondamentale au cours du XXe siècle**. Comme le relève Debove dans son livre, il existe encore au début du XXIe siècle une grande variété de théories qui n'ont pas encore vraiment convergé. Mais ce qui importe, c'est qu'un nombre toujours plus important de scientifiques, et de membres du public, est convaincu que la morale doit pouvoir s'expliquer avec les outils des sciences naturelles.

---

* Cette séquence semble relativement uniforme à travers les civilisations galactiques. De fait, la conjecture Dawkins-N'Diaye stipulant que toute civilisation découvre la théorie de l'évolution avant son essor spatial ne souffre aucune exception (voir le cours avancé « Civilisations galactiques comparées »).

** De fait, il est bien connu que l'un des premiers résultats d'Hari Seldon a été de montrer qu'à mesure que le nombre de scientifiques s'approche du nombre de Venabili, la probabilité d'une transition métaphysique approche 1.

Le livre de Stéphane Debove constitue également un témoignage intéressant pour l'histoire culturelle de la Terre de la période Pré-Contact, et en particulier pour la compréhension des loisirs dits « intellectuels ». Il nous renseigne sur les intérêts et préférences des lecteurs de l'époque. On notera par exemple à quel point la religion est encore présente dans la discussion intellectuelle des débuts du XXIe siècle. Il s'agit là de quelque chose qui ne laisse pas de surprendre les étudiants : comment un phénomène comme la religion, qui non seulement a complètement disparu aujourd'hui, mais qui avait déjà commencé à disparaître depuis plus de deux siècles, peut-il occuper autant de place dans le débat intellectuel ?

Un autre aspect intéressant du livre de Debove est la place des animaux. On devine à la lecture du livre qu'il est difficile pour les contemporains de ne pas attribuer un sens moral aux animaux, en tout cas aux animaux les plus proches de l'humain. Pourquoi est-ce le cas ? Il faut se souvenir que le livre est publié au début du XXIe siècle, c'est-à-dire au tout début du mouvement pour la protection des animaux. À l'époque où écrit Debove, il est encore possible d'aller voir des animaux au cirque ou au zoo. Par ailleurs, la très grande majorité des humains est encore omnivore (ce n'est qu'un siècle plus tard que commencera la criminalisation de l'alimentation carnée). Enfin, le réchauffement climatique et l'artificialisation accélérée des sols sont en train de conduire à ce que les humains ont déjà commencé à nommer la « sixième extinction ». Dans ce contexte, on comprend que les lecteurs de Debove préfèrent, dans le doute, avoir une vision généreuse des sentiments animaux, y compris de sentiments moraux. Après des siècles de négligence, il apparaît important de ne pas reproduire les erreurs du passé.

Il est évident qu'une telle prudence épistémique entrave nécessairement la recherche scientifique. Cependant, on devine à la lecture de Debove que l'accélération des progrès en psychologie comparée est déjà en train de changer la donne. Par ailleurs, la cause animale progressant elle-même (pensons par exemple au traité de New Delhi de 2054) et le cercle moral s'élargissant sans cesse, jusqu'à intégrer des espèces de plus en plus éloignées des humains comme les reptiles, les oiseaux et les amphibiens, il devient clair qu'être un animal moral devient nécessaire pour bénéficier de la protection des humains.

Le chapitre sur les extraterrestres est lui aussi assez savoureux pour le citoyen de la culture, habitué à un environnement multi-espèces et pour lequel la convergence biologique entre espèces extraterrestres est un fait aussi évident que l'expansion de l'Univers. Debove consacre un chapitre entier à cette question comme s'il n'était pas évident que la théorie de l'évolution s'applique en tout point de l'Univers et que, par conséquent, n'importe quelle espèce à culture cumulative est nécessairement une espèce dotée d'un dispositif à compensation de coût d'opportunité (comme l'a découvert l'historien Janov Pelorat en fouillant les archives trantoriennes, le titre original du livre était même *Existe-t-il des extraterrestres moraux ?*, preuve supplémentaire de l'importance de ce point aux yeux de l'auteur).

À la décharge des contemporains de Debove, il convient de rappeler que les premières planètes extrasolaires n'ont été détectées qu'un quart de siècle plus tôt. Pour le dire autrement, la majorité des contemporains de Debove est née et a grandi dans un univers aussi vide que celui de Galilée et Newton.

On pourrait certes arguer que l'idée de convergence évolutionnaire était visible même sur Terre – le sonar avait par exemple été inventé plusieurs fois de manière indépendante au cours de l'évolution –, mais de telles réflexions ne tiennent pas compte de l'exposition extrêmement limitée des Français de l'époque de Debove à la théorie de l'évolution. Même des concepts aussi basiques que la valeur sélective inclusive, la sélection de parentèle et les équilibres évolutionnairement stables n'étaient enseignés qu'en second cycle universitaire, et encore uniquement dans les départements d'écologie et évolution. Ce n'est qu'au XXIIe siècle que la théorie de la sélection naturelle commencera à faire son entrée à l'école primaire.

Évoquons en dernier lieu la question des IA morales. Le lecteur moderne est sans doute étonné par leur place relativement marginale dans le livre. Là encore, un peu d'histoire des technologies est nécessaire. À l'époque de Debove, Internet est encore une technologie nouvelle et l'intelligence artificielle est balbutiante. Tout juste commence-t-on à parler d'éthique de l'IA, en particulier au sujet des voitures autonomes construites par Google et Tesla (qui n'est pas encore le conglomérat étatique qu'il deviendra à la fin du XXIe siècle). En réalité, les choses n'ont progressé que très lentement au cours du XXIe siècle. Le moratoire de Bruxelles sur les IA éthiques, signé en 2034, n'a été aboli qu'en 2075 et ce n'est que dans la seconde moitié du XXIe siècle que les IA vont vraiment être équipées du double cœur contractualiste à compensation de coût d'opportunité de Susan Calvin.

Pour conclure, le livre de Stéphane Debove est extrêmement riche sur une période de transition elle-même très riche, qui présente des caractéristiques archaïques encore très prononcées, mais qui montre également des signes indéniables de modernité. Les lecteurs de Debove avaient-ils conscience qu'ils étaient en train de vivre une période de transition unique ? Avaient-ils le sentiment d'assister à l'aboutissement d'un processus vieux de vingt-cinq siècles ? Comprenaient-ils que, pour la première fois dans l'histoire de l'humanité, une nouvelle génération avait accès à un savoir de type scientifique et cumulatif sur la morale ?

Il n'est pas aisé pour un historien de répondre à ces questions. Tentons un parallèle avec le XVIIIe siècle. Debove mentionne la fameuse citation de Kant : « Le ciel étoilé au-dessus de nous, la loi morale à l'intérieur de nous. » À l'époque de Kant, le ciel étoilé commençait tout juste à perdre de son mystère. Le Système solaire commençait à être bien connu, mais les contemporains de Kant ignoraient tout du big-bang, de l'expansion de l'Univers, de l'existence des milliards de planètes orbitant autour de leurs étoiles au sein de la galaxie. Tout cela était encore très mystérieux. Le ciel étoilé, la galaxie, l'Univers n'était pas l'objet familier qu'il est aujourd'hui.

Il en était de même pour les lecteurs de Debove. Ils avaient conscience que la vieille explication créationniste de la morale n'était plus tenable. Mais il leur semblait encore difficile de considérer la morale comme un simple algorithme de maximisation des bénéfices sociaux. Ils n'avaient pas conscience qu'un tel algorithme correspondait à une logique relativement simple ni même que cette logique était déjà présente dans leurs codes de loi et qu'elle le serait aussi rapidement dans les cœurs des IA et dans les protocoles galactiques interespèces.

À une époque où les avancées scientifiques sont devenues indétectables, il est difficile de se figurer l'excitation intellectuelle produite par un changement complet d'un pan du savoir. Nous ne pouvons donc qu'imaginer l'excitation intellectuelle que ses contemporains devaient ressentir à la lecture de Debove. Quelle chance avaient ces lecteurs de pouvoir vivre de telles mutations métaphysiques !

Remerciements

Nous remercions les membres du Département d'histoire cognitive de l'université d'Anacréon pour leurs retours à la fois critiques et enthousiastes sur cette nouvelle édition. Nous remercions également la bibliothèque galactique de Trantor et la section « Circonstances spéciales » pour leurs fonds d'archives sur la période Pré-Contact. Nous remercions enfin la fondation Greg-Egan pour la théorie du tout et l'Association des amis de Michel Djerzinski pour leur soutien généreux à notre projet.

Nicolas Baumard

NOTES BIBLIOGRAPHIQUES

Si la lecture de ce livre vous a aiguisé l'appétit plus que rassasié, ce ne devrait pas être du temps perdu que de vous abonner à ma chaîne YouTube *Homo Fabulus* (https://homofabulus.com/chaine). J'y publierai régulièrement de nouvelles vidéos sur la morale, que ce soit sur des aspects que je n'ai pas pu traiter ici ou sur les grandes avancées de la recherche qui seront faites dans les années à venir. Vous abonner sera aussi l'occasion de découvrir les approches évolutionnaires du comportement humain de façon plus générale, sur d'autres sujets que la morale.

Autrement, voilà une liste complète des références utilisées dans ce livre, pour approfondir certains sujets par vous-même. Soyez avertis, la plupart sont en anglais et payantes pour y accéder, car c'est ainsi que fonctionne la science (pré-galactique du XXIe siècle).

Introduction : qui nous manipule ?

1. Stanford P. K., « *The difference between ice cream and nazis : moral externalization and the evolution of human cooperation* », *Behavioral and Brain Sciences*, vol. 1, n° 57, 2017.

2. Sophocle, *Antigone*, traduction nouvelle de Leconte de Lisle, 441.

3. KANT E., *Critique de la raison pratique*, 1788.

4. VOLTAIRE, *Dictionnaire philosophique*, Paris, Flammarion.

5. « *Religion in America : U.S. religious data, demographics and statistics* », Pew Research Center, 2014.

6. « *Worldwide, many see belief in God as essential to morality* », Pew Research Center, 2014.

7. DAWKINS R., *The Selfish Gene*, Oxford University Press, 1976.

1. Le sens moral

1. BENEDICT R., « *Anthropology and the abnormal* », *The Journal of General Psychology*, vol. 10, 1934, p. 59-82.

2. MOODY-ADAMS M. M., *Fieldwork in Familiar Places : Morality, Culture, and Philosophy*, Cambridge, Harvard University Press, 2002.

3. CHAN W., *A Source Book in Chinese Philosophy*, 2008.

4. SHAFTESBURY A. A. C., *Characteristicks of Men, Manners, Opinions, Times*, 2015 ; HUTCHESON F., *An Essay on the Nature and Conduct of the Passions and Affections, with Illustrations on the Moral Sense*, 1728 ; SMITH A., *The Theory of Moral Sentiments*, 1759.

5. HIRSCHFELD L. et GELMAN S. A., *Mapping the Mind : Domain Specificity in Cognition and Culture*, Cambridge University Press, 1994 ; CALLEBAUT W. et RASSKIN-GUTMAN D., *Modularity : Understanding The Development And Evolution of Natural Complex* Systems, 2005 ; SPERBER D., « *Modularity and relevance : how can a massively modular mind be flexible and context-sensitive ?* », *The Innate Mind : Structure and Contents*, 2005, p. 1-22.

6. DEHAENE S., *The Number Sense : How the Mind Creates Mathematics*, New York, Oxford University Press, 1999.

7. *Ibid.*

8. HAIDT J., BJÖRKLUND F., et MURPHY S., « *Moral dumbfounding : when intuition finds no reason* », *Lund psychological reports*, vol. 1, n° 2, 2000 ; MCHUGH C., MCGANN M., IGOU E. R. et KINSELLA E. L., « *Searching for moral dumbfounding : identifying measurable indicators of moral dumbfounding* », *Collabra : Psychology*, vol. 3, 2017, p. 1-24.

9. PIAGET J., *Le jugement moral de l'enfant*, 1932.

10. KOHLBERG L., « *The child as a moral philosopher* », *Psychology Today*, vol. 2, 1968.

11. VAN DE VONDERVOORT J. W., et HAMLIN K., dans *The Routledge Handbook of Moral Epistemology*, 2019.

12. HAIDT J., et JOSEPH C., « *Intuitive ethics : how innately prepared intuitions generate culturally variable virtues* », *Daedalus*, vol. 133, septembre 2004, p. 55-66.

13. VALDESOLO P., et DESTENO D., « *The duality of virtue : deconstructing the moral hypocrite* », *Journal of Experimental Social Psychology*, vol. 44, 2008, p. 1334-1338.

14. HAIDT J., « *The emotional dog and its rational tail : a social intuitionist approach to moral judgment* », *Psychological Review*, vol. 108, 2001, p. 83-95.

15. *Ibid* ; ID., *The Righteous Mind : Why Good People Are Divided by Politics and Religion*, New York, Penguin, 2012.

16. HUTCHESON F., *An Essay on the Nature and Conduct of the Passions and Affections*, ouvr. cité.

2. Sommes-nous précâblés pour être moraux ?

1. EDEL A., et EDEL M., *Anthropology and Ethics. The Quest for Moral Understanding*, Routledge, 1968.

2. LAIDLAW J., « *For an anthropology of ethics and freedom* », *Journal of the Royal Anthropological Institute*, vol. 8, juin 2002, p. 311-332.

3. O'NEILL E., et MACHERY E., « *The normative sense : what is universal ? What varies ?* », *The Routledge Handbook of Moral Epistemology*, 2019, p. 38-56.

4. LAIDLAW J., « *For an anthropology of ethics and freedom* », art. cit.

5. ZIGON J., *Morality : An Anthropological Perspective*, Oxford, Routledge, 2008.

6. HILL K. R., *et al.*, « *Co-residence patterns in hunter-gatherer societies show unique human social structure* », *Science*, vol. 331, mars 2011, p. 1286-1289.

7. BOEHM C., *Moral Origins : The Evolution of Virtue, Altruism, and Shame*, New York, Basic Books, 2012.

8. Id., « *Egalitarian behavior and reverse dominance hierarchy* », *Current Anthropology*, vol. 34, 1993, p. 227-254 ; Id., « *Impact of the human egalitarian syndrome on darwinian selection mechanics* », *American Naturalist*, vol. 150, 1997, p. S100-S121 ; Cashdan E., « *Egalitarianism among hunters and gatherers* », *American Anthropologist*, vol. 82, 1980, p. 116-120.

9. Kelly R. L., *The Lifeways of Hunter-Gatherers : The Foraging Spectrum*, Cambridge, Cambridge University Press, 1995.

10. Curry O. S., Mullins D. A., et Whitehouse H., « *Is it good to cooperate ? Testing the theory of morality-as-cooperation in 60 societies* », *Current Anthropology*, vol. 60, 2019, p. 47-69.

11. Leacock E. B., *The Montagnais-Naskapi Band*, Ottawa, Queen's Printer for Canada, 1969.

12. Cohn A., Maréchal M. A., Tannenbaum D. et Zünd C. L., « *Civic honesty around the globe* », *Science*, vol. 365, 2019, p. 70-73.

13. Henrich J., Heine S. J., et Norenzayan A., « *The weirdest people in the world?* », *Behavioral and Brain Sciences*, vol. 33, juin 2010, p. 61-83.

14. Barrett H. C., *et al.*, « *Small-scale societies exhibit fundamental variation in the role of intentions in moral judgment* », *Proceedings of the National Academy of Sciences of the United States of America*, vol. 113, 2016, p. 4688-4693.

15. Hamlin J. K., Wynn K., et Bloom P., « *Social evaluation by preverbal infants* », *Nature*, vol. 450, 2007, p. 557-559 ; Hamlin J. K., « *Moral judgment and action in preverbal infants and toddlers* », *Current Directions in Psychological Science*, vol. 22, 2013, p. 186-193 ; Holvoet C., Scola C., Arciszewski T., et Picard D., « *Infants' preference for prosocial behaviors : a literature review* », *Infant Behavior and Development*, vol. 45, 2016, p. 125-139.

16. Geraci A., et Surian L., « *The developmental roots of fairness : infants' reactions to equal and unequal distributions of resources* », *Developmental Science*, vol. 14, 2011, p. 1012-1020 ; Schmidt M. F. H., et Sommerville J., « *Fairness expectations and altruistic sharing in 15-month-old human infants* », *PLoS ONE*, vol. 6, 2011 ; Sloane S., Baillargeon R., et Premack D., « *Do infants have a sense of fairness ?* », *Psychological Science*, vol. 23, 2012, p. 196-204.

17. ENGELMANN J. M., et TOMASELLO M., « *Children's sense of fairness as equal respect* », *Trends in Cognitive Sciences*, vol. 23, 2019, p. 454-463.

18. TURIEL E., *The Culture of Morality : Social Development, Context, and Conflict*, Cambridge University Press, 2002 ; SMETANA J. G., JAMBON M., et BALL C., dans *Handbook of Moral Development*, New York, Psychology Press, 2014.

19. NUCCI L., « *Doing justice to morality in contemporary values education* », dans *Moral, Character, and Civic Education in Elementary Education*, 1991.

20. PLATON, *Euthyphro*, Wildside Press LLC, 2018.

21. POLDERMAN T. J. C., *et al.*, « *Meta-analysis of the heritability of human traits based on fifty years of twin studies* », *Nature Genetics*, vol. 47, juillet 2015, p. 702-709.

22. BOUCHARD T. J., et MCGUE M., « *Genetic and environmental influences on human psychological differences* », *Journal of Neurobiology* vol. 54, 2003, p. 4-45.

23. TURKHEIMER E., « *Arsonists at the cathedral. A review of the trouble with twin studies : a reassessment of twin research in the social and behavioral sciences* », PsycCRITIQUES, 2015.

24. NICHOLS S. B., « *Moral learning* », *The Routledge Handbook of Moral Epistemology*, janvier 2018, p. 124-138.

25. DEBOVE S., BAUMARD N., et ANDRÉ, J.-B., « *Models of the evolution of fairness in the ultimatum game : a review and classification* », *Evolution and Human Behavior*, vol. 37, 2016, p. 245-254.

26. BROSNAN S. F., « *Justice- and fairness-related behaviors in nonhuman primates* », *Proceedings of the National Academy of Sciences*, 2013.

27. CHURCHLAND P. S., *Braintrust : What Neuroscience Tells Us About Morality*, Princeton University Press, 2011 ; SAPOLSKY R. M., *Behave : The Biology of Humans at Our Best and Worst*, Penguin Press, 2017.

28. DEMAREE-COTTON J., et KAHANE G., *The Routledge Handbook of Moral Epistemology*, Routledge, 2018, p. 84-104.

29. YOUNG L., CAMPRODON J. A., HAUSER M., PASCUAL-LEONE A., et SAXE R., « *Disruption of the right temporoparietal junction with transcranial magnetic stimulation reduces the role of beliefs in moral*

judgments », *Proceedings of the National Academy of Sciences* vol. 107, avril 2010, p. 6753-6758.

30. SHAMAY-TSOORY S. G., et AHARON-PERETZ J., « *Dissociable prefrontal networks for cognitive and affective theory of mind : a lesion study* », *Neuropsychologia*, vol. 45, 2007, p. 3054-3067 ; DECETY J., CHEN C., HARENSKI C. L., et KIEHL K. A., « *Socioemotional processing of morally-laden behavior and their consequences on others in forensic psychopaths : socioemotional processing of morally-laden behavior* », *Human Brain Mapping*, vol. 36, juin 2015, p. 2015-2026.

31. GRAHAM J., MEINDL P., BEALL E., JOHNSON K. M., et ZHANG L., « *Cultural differences in moral judgment and behavior, across and within societies* », *Current Opinion in Psychology*, vol. 8, avril 2016, p. 125-130.

32. RAND B., *The Life, Unpublished Letters, and Philosophical Regimen of Antony, Earl of Shaftesbury*, Adamant Media Corporation, 2001.

33. SHUN K.-l., *Mencius and Early Chinese Thought*, Stanford, Stanford University Press, 2000.

34. DELBRÜCK M., « *A physicist looks at biology* », *The Connecticut Academy of Arts and Sciences*, vol. 38, 1949, p. 173-190.

35. SAPOLSKY R. M., *Behave : The Biology of Humans at Our Best and Worst*, Londres, Penguin Press, 2017.

36. BOEHM C., *Moral Origins : The Evolution of Virtue, Altruism, and Shame*, New York, Basic Books, 2012 ; JOYCE R., *The Evolution of Morality*, Cambridge, MIT Press, 2006.

37. SAPOLSKY R. M., *Behave : The Biology of Humans at Our Best and Worst*, ouvr. cité.

38. HAIDT J., et JOSEPH C., « *Intuitive ethics : how innately prepared intuitions generate culturally variable virtues* », *Daedalus*, vol. 133, septembre 2004, p. 55-66.

3. Nous ne sommes pas tous des bisounours

1. LEIGHTON A. H., et HUGHES C. C., « *Notes on Eskimo patterns of suicide* », *Southwestern Journal of Anthropology*, vol. 11, 1955, p. 327-338 ; BALIKCI A., *The Netsilik Eskimo*, Natural History Press, 1970.

2. BOEHM C., *Moral Origins : The Evolution of Virtue, Altruism, and Shame*, New York, Basic Books, 2012.

3. ASTUTI R., « La moralité des conventions : tabous ancestraux à Madagascar », *Terrain*, 2010, p. 101-112.

4. HENRICH J., HEINE S. J., et NORENZAYAN A., « *The weirdest people in the world?* », *Behavioral and Brain Sciences*, vol. 33, 2010, p. 61-83.

5. MONTAIGNE M. DE, *Essais*, 1580.

6. BUSS D. M., *The Handbook of Evolutionary Psychology*, t. II, 2016 ; SPERBER D., « *Modularity and relevance : how can a massively modular mind be flexible and context-sensitive ?* », *The Innate Mind : Structure and Contents*, 2005, p. 1-22.

7. ROUSSEAU J.-J., *Du contrat social ou principes du droit politique*, 1762.

8. KROPOTKINE P., *L'Entr'aide. Un Facteur de l'évolution*, Paris, Hachette, 1906.

9. ALESINA A., et GLAESER E., *Fighting Poverty in the US and Europe : A World of Difference*, Oxford UK, Oxford University Press, 2004.

10. AARØE L., et PETERSEN M., « *Crowding out culture : Scandinavians and Americans agree on social welfare in the face of deservingness cues* », *The Journal of Politics*, vol. 76, juillet 2014, p. 684-697.

11. RAND B., *The Life, Unpublished Letters, and Philosophical Regimen of Antony, Earl of Shaftesbury*, Adamant Media Corporation, S.l., 2001.

12. KROPOTKINE P., *L'Entr'aide. Un Facteur de l'évolution*, ouvr. cité.

13. MALINOWSKI B., *Argonauts of the Western Pacific : An Account of Native Enterprise and Adventure in the Archipelagoes of Melanesian New Guinea*, Londres, Routledge, 1922.

14. FIRTH R., *Elements of Social Organization*, Psychology Press, 1951.

15. LEIGHTON A. H., et HUGHES C. C., « *Notes on Eskimo Patterns of Suicide* », art. cité.

16. WEYER E. M., *The Eskimos*, Yale University Press, 1932.

17. KROPOTKINE P., *L'Entr'aide. Un Facteur de l'évolution*, ouvr. cité.

18. BOEHM C., *Moral Origins*, ouvr. cité.

19. ROUSSEAU J.-J., *Du contrat social*, ouvr. cité.

20. RAND B., *The Life*, ouvr. cité.

21. ASTUTI R., « La moralité des conventions : tabous ancestraux à Madagascar », art. cité.

22. SPERBER D., *La contagion des idées*, Paris, Odile Jacob, 1996.

23. ASTUTI R., « La moralité des conventions : tabous ancestraux à Madagascar », art. cité.

24. TALHELM T., *et al.*, « *Large-scale psychological differences within China explained by rice versus wheat agriculture* », *Science*, vol. 344, mai 2014, p. 603-608.

25. TALHELM T., et ENGLISH A. S., « *Historically rice-farming societies have tighter social norms in China and worldwide* », *Proceedings of the National Academy of Sciences*, vol. 117, août 2020, p. 19816-19824.

26. HENRICH J., HEINE S. J., et NORENZAYAN A., « *The weirdest people in the world ?* », *Behavioral and Brain Sciences*, vol. 33, juin 2010, p. 61-83.

27. LAMBA S., et MACE R., « *Demography and ecology drive variation in cooperation across human populations* », *Proceedings of the National Academy of Sciences*, août 2011.

28. KAPLAN H. S., HOOPER P. L., et GURVEN M., « *The evolutionary and ecological roots of human social organization* », *Philosophical Transactions of the Royal Society of London. Series B, Biological sciences*, vol. 364, novembre 2009, p. 3289-3299.

29. KAPLAN H. S., SCHNITER E., SMITH V. L., et WILSON B. J., « *Risk and the evolution of human exchange* », *Proceedings of the Royal Society B : Biological Sciences*, vol. 279, août 2012, p. 2930-2935.

30. BARKOW J. H., COSMIDES L., et TOOBY J., *The Adapted Mind : Evolutionary Psychology and the Generation of Culture*, Oxford University Press, 1992.

31. SPIRO M., « *Is the Western conception of the self "peculiar" within the context of the world cultures ?* », *Ethos*, vol. 21, 1993, p. 107-153.

32. COUTURIER B., « Le confucianisme et les "valeurs asiatiques" » dans *Le tour du monde des idées*, 2019.

33. BAUMARD N., « Et si les droits de l'Homme étaient vraiment universels ? », *Cerveau & Psycho*, n° 45, 2011, p. 40-45.

34. ID., *Une théorie naturaliste et mutualiste de la morale*, thèse de doctorat, 2008.

35. NEUMANN C., et HARE R., « *Psychopathic traits in a large community sample : links to violence, alcohol use, and intelligence* », *Journal of consulting and clinical psychology*, vol. 76, novembre 2008, p. 893-899.

36. *Ibid.*

37. COSMIDES L., GUZMAN R. A., et TOOBY J., « *The Evolution of Moral Cognition* », *The routledge handbook of moral epistemology*, 2019.

4. Pourquoi tu ne tues pas ton petit frère…

1. JOYCE R., *The Evolution of Morality*, Cambridge, MIT Press, 2006.

2. BAUMARD N., *Une théorie naturaliste et mutualiste de la morale*, thèse de doctorat, 2008.

3. HOFFMAN M. L., *Empathy and Moral Development : Implications for Caring and Justice*, New York, Cambridge University Press, 2000.

4. BRIGGS J. L., *Politics and History in Band Societies*, Cambridge University Press, 1982.

5. CUSHMAN F., KUMAR V., et RAILTON P., « *Moral learning : current and future directions* », *Cognition*, vol. 167, 2017, p. 1-10.

6. *Worldwide, Many See Belief in God as Essential to Morality*, Pew Research Center, 2014.

7. BAUMARD N., HYAFIL A., MORRIS I., et BOYER P., « *Increased Affluence Explains the Emergence of Ascetic Wisdoms and Moralizing Religions* », *Current biology*, vol. 25, 2015, p. 1-29.

8. WATTLES J., *The Golden Rule*, Oxford, New York, Oxford University Press, 1997.

9. CONFUCIUS, *Entretiens de Confucius*, –479.

10. CHURCHLAND P. S., *Braintrust : What Neuroscience Tells Us About Morality*, Princeton University Press, 2011.

11. BAUMARD N., « La morale a-t-elle engendré les religions ? », *Cerveau & Psycho*, 2011.

12. WIERZBICKA A., « *Moral Sense* », *Journal of Social, Evolutionary, and Cultural Psychology*, vol. 1, 2007, p. 66.

13. SMITH A., *The Theory of Moral Sentiments*, 1759.

14. Van de Ven N., « *Envy and its consequences : why it is useful to distinguish between benign and malicious envy* », *Social and Personality Psychology Compass*, vol. 10, juin 2016, p. 337-349.

15. Simpson H., dans « Le palais du gaucher », saison 3, épisode 3, 1991.

16. McWhorter J., *The Language Hoax : Why the World Looks the Same in Any Language*, OUP USA, 2014.

17. Sperber D., *Explaining Culture : A Naturalistic Approach*, Blackwell, Oxford, Cambridge, 1996 ; Boyer P., « *Why evolved cognition matters to understanding cultural cognitive variations* », *Interdisciplinary Science Reviews*, vol. 35, décembre 2010, p. 376-386.

5. À quoi sert la morale ?

1. Darwin C., *The Descent of Man*, John Murray, 1871 ; West S. A., et Gardner A., « *Altruism, spite, and greenbeards* », *Science*, vol. 327, mars 2010, p. 1341-1344.

2. Darwin C., *The Descent of Man*, ouvr. cité.

3. Wilson E. O., *On Human Nature*, Harvard University Press, 1978.

4. West S., Griffin A., et Gardner A., « *Social semantics : altruism, cooperation, mutualism, strong reciprocity and group selection* », *Journal of Evolutionary Biology*, vol. 20, mars 2007, p. 415-432 ; Dugatkin L. A., *Cooperation among Animals : An Evolutionary Perspective*, Oxford, Oxford University Press, 1997.

5. Trivers R., « *The evolution of reciprocal altruism* », *Quarterly Review of Biology*, vol. 46, 1971, p. 35-57 ; Hamilton W. D., « *The genetical evolution of social behaviour* », *Journal of Theoretical Biology*, vol. 7, juillet 1964, p. 1-16 ; Axelrod R., et Hamilton W. D., « *The evolution of cooperation* », *Science*, vol. 211, mars 1981, p. 1390-1396.

6. West S., Mouden C. E., et Gardner A., « *Sixteen common misconceptions about the evolution of cooperation in humans* », *Evolution and Human Behavior*, vol. 32, juillet 2011, p. 231-262.

7. Boyd R., et Richerson P. J., « *Group selection among alternative evolutionarily stable strategies* », *Journal of Theoretical Biology*, vol. 145,

août 1990, p. 331-342 ; HENRICH J., « *Cultural group selection, coevolutionary processes and large-scale cooperation* », *Journal of Economic Behavior & Organization*, vol. 53, janvier 2004, p. 3-35 ; BOYD R., et RICHERSON P. J., « *Voting with your feet : payoff biased migration and the evolution of group beneficial behavior* ». *Journal of Theoretical Biology*, vol. 257, mars 2009, p. 331-339.

8. DARWIN C., *The descent of man*, ouvr. cité.

9. WEST S., GRIFFIN A., et GARDNER A., « *Social semantics : : altruism, cooperation, mutualism, strong reciprocity and group selection* », art. cité ; LEHMANN L., et KELLER L., « *Group selection and kin selection : two concepts but one process* », *Proceedings of the National Academy of Sciences*, vol. 104, 2007, p. 6736.

10. LUKAS D., et HUCHARD E., « *The Evolution of Infanticide by Males in Mammalian Societies* », *Science* vol. 346, nov. 2014, p. 841-844.

11. PATTERSON I. A. P., *et al.*, « *Evidence for Infanticide in Bottlenose Dolphins : An Explanation for Violent Interactions with Harbour Porpoises ?* », *Proceedings of the Royal Society of London. Series B : Biological Sciences*, vol. 265, juillet 1998, p. 1167-1170.

12. WILSON D. S., et SOBER E., *Unto Others*, Harvard University Press, 1998 ; NOWAK M., TARNITA C., et WILSON E. O., « *The Evolution of Eusociality* », *Nature*, vol. 466, 2010, p. 1057-1062.

13. TOMASELLO M., *A Natural History of Human Morality*, Harvard University Press, 2016.

14. MACE R., et SILVA A. S., « *The Role of Cultural Group Selection in Explaining Human Cooperation Is a Hard Case to Prove* », *Behavioral and Brain Sciences*, vol. 39, 2016.

15. MORGAN D. U.S., « *Marines Unlikely to Report Civilian Abuse : Study* », Reuters, 2007.

16. TRIVERS R., « *The Evolution of Reciprocal Altruism* », art. cité ; TOMASELLO M., *A Natural History of Human Morality*, ouvr. cité ; ALEXANDER R. D., *The Biology of Moral Systems*, Routledge, 1987 ; ROBERTS G., « *Cooperation through Interdependence* », *Animal Behaviour*, vol. 70, 2005, p. 901-908 ; BAUMARD N., ANDRÉ J., et SPERBER D., « *A Mutualistic Approach to Morality : The Evolution of Fairness by Partner Choice* », *Behavioral and Brain Sciences*, vol. 6, 2013, p. 59-122.

17. KAPLAN, H., et GURVEN M., « *The Natural History of Human Food Sharing and Cooperation : A Review and a New Multi-Individual Approach to the Negotiation of Norms* », ... *foundations of cooperation...*, 2005, p. 75-113 ; KAPLAN H. S., HOOPER P. L., et GURVEN M., « *The Evolutionary and Ecological Roots of Human Social Organization* », *Philosophical transactions of the Royal Society of London. Series B, Biological sciences*, vol. 364, novembre 2009, p. 3289-3299.

18. TRIVERS R., « *The Evolution of Reciprocal Altruism* », art. cité.

19. ALEXANDER R. D., *The Biology of Moral Systems*, art. cité.

20. DARWIN C., *The Descent of Man*, John Murray, 1871.

21. WRIGHT R., *The Moral Animal : Why We Are the Way We Are*, 1994 ; BOEHM C., *Moral Origins : The Evolution of Virtue, Altruism, and Shame*, New York, Basic Books, 2012.

22. TURNBULL C. M., *The Forest People : A Study of the Pygmies of the Congo*, 1962.

23. BALIKCI A., *The Netsilik Eskimo*, Natural History Press, 1970.

24. FURER-HAIMENDORF C., *Morals and Merit : A Study of Values and Social Controls in South Asian Societies*, Weidenfeld & Nicolson, London Gintis, 1967.

25. LEE R., *The !Kung San : Men, Women and Work in a Foraging Society*, Cambridge University Press, 1980.

26. WOODBURN J., « *Egalitarian Societies* », *Man*, vol. 17, 1982, p. 431-451.

27. BOEHM C., *Moral Origins : The Evolution of Virtue, Altruism, and Shame*, New York, Basic Books, 2012.

28. *Ibid.*

29. DARWIN C., *The Descent of* Man, ouvr. cité ; DE WAAL F., Good *natured : the origins of right and wrong in humans and other animals*, Harvard University Press, 1997.

30. DARWIN C., *The Descent of Man*, ouvr. cité.

31. DE WAAL F., *Good natured*, ouvr. cité ; DE WAAL F., *The Bonobo and the Atheist : In Search of Humanism among the Primates*, New York, W. W. Norton & Co, 2013.

32. HAIDT J., *The Righteous Mind : Why Good People Are Divided by Politics and Religion*, Londres, Penguin, 2012.

33. KROPOTKINE P., *L'entr'aide, Un Facteur de l'évolution*, Paris, Hachette, 1906.

34. SMITH A., *The Theory of Moral Sentiments*, 1759.

35. KANT E., *Critique de la raison pratique*, ouvr. cité.

36. BARKOW J. H., COSMIDES L., et TOOBY J., *The Adapted Mind : Evolutionary Psychology and the Generation of Culture*, Oxford, Oxford University Press, 1992.

37. GARDNER A., WEST S., et WILD G., « *The Genetical Theory of Kin Selection* », *Journal of evolutionary biology*, vol. 24, mai 2011, p. 1020-1043.

38. HILL K. R., *et al.*, « *Co-Residence Patterns in Hunter-Gatherer Societies Show Unique Human Social Structure* », *Science*, vol. 331, mars 2011, p. 1286-1289.

39. EVERETT J. A. C., *et al.*, « *Inference of Trustworthiness From Intuitive Moral Judgments* », *Journal of Experimental Psychology : General*, vol. 145, 2016, p. 772-787.

40. DEBOVE S., *The Evolutionary Origins of Human Fairness*, thèse de doctorat, 2015.

41. DEBOVE S., ANDRE J.-B., et BAUMARD N., « *Partner Choice Creates Fairness in Humans* », *Proc. R. Soc.B*, vol. 282, 2015 ; DEBOVE S., BAUMARD N., et ANDRÉ J.-B., « *Evolution of Equal Division among Unequal Partners* », *Evolution*, vol. 69, 2015, p. 561-569.

42. MAYR E., « *Causes and Effects in Biology* », *Science*, vol. 134, 1961, p. 1501-1506.

43. SAHLINS M., *The use and abuse of biology. An anthropological critique of sociobiology*, The university of Michigan Press, 1976.

44. BARKOW J. H., COSMIDES L., et TOOBY J., *The Adapted Mind : Evolutionary Psychology and the Generation of Culture*, ouvr. cité.

6. La morale, une histoire de coûts d'opportunité ?

1. HILL K., « *Altruistic Cooperation during Foraging by the Ache, and the Evolved Human Predisposition to Cooperate* », *Human Nature* vol. 13, 2002, p. 105-128 ; KAPLAN H., et GURVEN M., « *The Natural History of Human Food Sharing and Cooperation : A Review and a New Multi-Individual Approach to the Negotiation of Norms* », …

foundations of cooperation…, 2005, p. 75-113 ; KAPLAN H. S., HOOPER P. L., et GURVEN M., « *The Evolutionary and Ecological Roots of Human Social Organization* », *Philosophical transactions of the Royal Society of London. Series B, Biological sciences*, vol. 364, novembre 2009, p. 3289-3299.

2. BRUEL P., *Alors regarde*, 1989.

3. TER MINASSIAN V., « Voici la toute première image d'un trou noir », *CNRS Le journal*, 2019, p. 1-5.

4. MAYNARD SMITH J., et SZATHMARY E., *The Major Transitions in Evolution*, vol. 119, 1995 ; ANDRÉ J.-B., « *Contingency in the Evolutionary Emergence of Reciprocal Cooperation* », *The American Naturalist*, vol. 185, 2015.

5. HILL K. R., *et al.*, « *Co-Residence Patterns in Hunter-Gatherer Societies Show Unique Human Social Structure* », *Science*, vol. 331, mars 2011, p. 1286-1289.

6. CHARNOV E. L., « *Optimal Foraging, the Marginal Value Theorem* », *Theoretical population biology*, vol. 9, 1976, p. 129-136.

7. STARMANS C., SHESKIN M., et BLOOM P., « *Why People Prefer Unequal Societies* », *Nature Human Behaviour*, vol. 1, 2017, p. 1-7.

8. HENRICH J., *et al.*, « *Economic Man in Cross-Cultural Perspective : Behavioral Experiments in 15 Small-Scale Societies* », *The Behavioral and brain sciences*, vol. 28, décembre 2005, p. 795-815, discussion 815-855.

9. ULBER J., HAMANN K., et TOMASELLO M., « *Young Children, but Not Chimpanzees, Are Averse to Disadvantageous and Advantageous Inequities* », *Journal of Experimental Child Psychology*, vol. 155, mars 2017, p. 48-66.

10. FOOT P., « *The Problem of Abortion and the Doctrine of the Double Effect* », 1967, *Oxford Review* ; THOMSON J. J., « *The Trolley Problem* », *Yale Law Journal*, vol. 94, 1985, p. 1395-1395.

11. À propos des dilemmes moraux : BONNEFON J.-F., *La voiture qui en savait trop*, Paris, humenSciences, 2019.

12. GREENE J. D., « *An fMRI Investigation of Emotional Engagement in Moral Judgment* », *Science*, vol. 293, 2001, p. 2101-2105 ; HAUSER M., MIKHAIL J. A, *et al.*, « *Dissociation between Moral Judgments and Justifications* », *Mind and Language*, vol. 22, 2007, p. 1-21.

13. HAIDT J., et BARON J., « *Social Roles and the Moral Judgement of Acts and Omissions* », *European Journal of Social Psychology*, vol. 26, 1996, p. 201-218 ; BARON J., et MILLER J. G., « *Limiting the Scope of Moral Obligations to Help : A Cross- Cultural Investigation* », *Journal of Cross-Cultural Psychology*, vol. 31, novembre 2000, p. 703-725.

14. BARRETT H. C., *et al.*, « *Small-Scale Societies Exhibit Fundamental Variation in the Role of Intentions in Moral Judgment* », *Proceedings of the National Academy of Sciences of the United States of America*, vol 113, 2016, p. 4688-4693.

15. KUMAR R., « *Defending the Moral Moderate : Contractualism and Common Sense* », *Philosophy and Public Affairs*, vol. 28, 1999, p. 275-309.

16. BARON J., et MILLER J. G., « *Limiting the Scope of Moral Obligations to Help : A Cross- Cultural Investigation* », art. cité.

17. AARØE L., et PETERSEN M., « *Crowding Out Culture : Scandinavians and Americans Agree on Social Welfare in the Face of Deservingness Cues* », *The Journal of Politics*, vol. 76, juillet 2014, p. 684-697.

18. MIKHAIL J., *Is the Prohibition of Homicide Universal ? Evidence from Comparative Criminal Law*, Rochester, Social Science Research Network, 2009.

19. THOMSON J. J., « *A Defense of Abortion* », *Philosophy & Public Affairs*, vol. 1, 1971, p. 47-66.

20. PLATON, *La République*, Paris, Flammarion, 2002.

21. SMITH A., *The Theory of Moral Sentiments*, 1759.

22. HAIDT J., *The Righteous Mind : Why Good People Are Divided by Politics and Religion*, New York, Penguin, 2012.

23. *Ibid.*

24. KRUGMAN P., WELLS R., et OLNEY M., *Essentials of Economics*, New York, Worth Publishers, 2007.

25. BAUMARD N., *Une théorie naturaliste et mutualiste de la morale*, thèse de doctorat, 2008.

26. SCHEIN C., RITTER R. S., et GRAY K., « *Harm Mediates the Disgust-Immorality Link* », *Emotion*, vol. 16, septembre 2016, p. 862-876 ; ROYZMAN E. B., KIM K., et LEEMAN R. F., « *The Curious Tale of Julie and Mark : Unraveling the Moral Dumbfounding Effect* », *Judgment and Decision Making*, vol. 10, 2015, p. 296-313.

27. BAUMARD N., *Une théorie naturaliste et mutualiste de la morale*, thèse citée.

28. KREBS D., et JANICKI M., dans *The Psychological Foundations of Culture*, Lawrence Erlbaum Associates Publishers, 2004 p. 125-148.

29. CURRY O., « *Morality as Cooperation : A Problem-Centred Approach* », *The Handbook of Evolutionary Psychology*, 2016, p. 747-771.

30. RAWLS J., *A Theory of Justice*, Harvard University Press, 1971.

31. KYMLICKA W., *Contemporary Political Philosophy - an Introduction*, ouvr. cité.

7. Les animaux ont-ils une morale ?

1. BROSNAN S. F., et DE WAAL F. B. M., « *Monkeys Reject Unequal Pay* », *Nature*, vol. 425, 2003, p. 297-299.

2. BROSNAN S. F., « *Nonhuman Species' Reactions to Inequity and Their Implications for Fairness* », *Social justice research*, vol. 19, 2006, p. 185.

3. BRÄUER J., et HANUS D., « *Fairness in Non-Human Primates ?* », *Social Justice Research*, vol. 25, 2012, p. 256-276 ; BROSNAN S. F., « *Justice- and Fairness-Related Behaviors in Nonhuman Primates* », *Proceedings of the National Academy of Sciences*, juin 2013.

4. ENGELMANN J. M., et TOMASELLO M., « *Children's Sense of Fairness as Equal Respect* », *Trends in Cognitive Sciences*, vol. 23, 2019, p. 454-463.

5. DUBREUIL D., GENTILE M. S., et VISALBERGHI E., « *Are Capuchin Monkeys* (Cebus Apella) *Inequity Averse ?* », *Proceedings of the Royal Society B : Biological Sciences*, vol. 273, mai 2006, p. 1223-1228.

6. TOMASELLO M., *A Natural History of Human Morality*, Cambridge, Harvard University Press, 2016.

7. DARWIN C., *The Descent of Man*, John Murray, 1871.

8. DE WAAL F. B. M., *Good Natured : The Origins of Right and Wrong in Humans and Other Animals*, Cambridge, Harvard University Press, 1996.

9. *Ibid.*

10. MELIS A., HARE B., et TOMASELLO M., « *Engineering Cooperation in Chimpanzees : Tolerance Constraints on Cooperation* », *Animal Behaviour*, 2006, p. 275-286.

11. ENGELMANN J. M., et TOMASELLO M., « *Children's Sense of Fairness as Equal Respect* », art. cité.

12. WARNEKEN F., et TOMASELLO M., « *Altruistic Helping in Human Infants and Young Chimpanzees* », *Science*, vol. 311, 2006, p. 1301-1303 ; WARNEKEN F., HARE B., MELIS A. P., HANUS D., et TOMASELLO M., « *Spontaneous Altruism by Chimpanzees and Young Children* », *PLoS Biol*, vol. 5, 2007, e184.

13. *Ibid.*

14. MELIS A. P., HARE B., et TOMASELLO M., « *Do Chimpanzees Reciprocate Received Favours ?* », *Animal Behaviour*, 2008, p. 951-962.

15. TOMASELLO M., A *Natural History of Human Morality*, ouvr. cité.

16. AMICI F., VISALBERGHI E., et CALL J., « *Lack of Prosociality in Great Apes , Capuchin Monkeys and Spider Monkeys : Convergent Evidence from Two Different Food Distribution Tasks* », *Proc. R. Soc.B*, vol. 281, 2014.

17. BOESCH C., et BOESCH-ACHERMANN H., « *Dim Forest, Bright Chimps* », *Natural History*, vol. 4, 1991.

18. TOMASELLO M., *A Natural History of Human Morality*, ouvr. cité.

19. CAMAZINE S., *Self-Organization in Biological Systems*, Princeton, Princeton University Press, 2001.

20. BOEHM C., *Moral Origins : The Evolution of Virtue, Altruism, and Shame*, New York, Basic Books, 2012.

21. *Ibid.*

22. ISAAC G., « *The Food-Sharing Behavior of Protohuman Hominids* », *Scientific American*, vol. 238, 1978, p. 90-109.

23. BOEHM C., *Moral Origins : The Evolution of Virtue, Altruism, and Shame*, ouvr. cité.

24. TOMASELLO M., *A Natural History of Human Morality*, ouvr. cité.

25. BOEHM C., *Moral Origins : The Evolution of Virtue, Altruism, and Shame*, ouvr. cité.

26. DE WAAL F., *Good Natured*, ouvr. cité.

27. AMICI F., VISALBERGHI E., et CALL J., « *Lack of Prosociality in Great Apes, Capuchin Monkeys and Spider Monkeys : Convergent Evidence from Two Different Food Distribution Tasks* », art. cité.

28. TOMASELLO M., « *The Origins of Morality* », *Scientific American*, vol. 6, 2018.

29. BROSNAN S. F., et DE WAAL F. B. M., « *Fairness in Animals : Where to from Here ?* », *Social Justice Research*, vol. 25, 2012, p. 336-351.

30. BRÄUER J., et HANUS D., « *Fairness in Non-Human Primates ?* », art. cité.

31. DE WAAL F. B. M., *Good Natured*, ouvr. cité.

32. DE WAAL F. B. M., *The Bonobo and the Atheist : In Search of Humanism among the Primates*, New York, W. W. Norton & Company, 2013.

33. DE WAAL F. B. M., *Chimpanzee Politics Power & Sex Among Apes*, 1982.

34. BROSNAN S. F., « *Justice- and Fairness-Related Behaviors in Nonhuman Primates* », art. cité.

35. Martin F., *Sous la forêt. Pour survivre il faut des alliés*, Paris, humenSciences, 2019.

36. BATESON P., *Perspectives in Ethology*, t. II, Berlin, Springer Science & Business Media, 1976.

37. RANGE F., HORN L., VIRANYI Z., et HUBER L., « *The Absence of Reward Induces Inequity Aversion in Dogs* », *Proceedings of the National Academy of Sciences of the United States of America*, vol. 106, 2009, p. 340-345.

38. HOROWITZ,A., « *Fair Is Fine, but More Is Better : Limits to Inequity Aversion in the Domestic Dog* », *Social Justice Research*, vol. 25, 2012, p. 195-212.

39. WASCHER C. A. F., et BUGNYAR T., « *Behavioral Responses to Inequity in Reward Distribution and Working Effort in Crows and Ravens* », *PLoS ONE*, vol. 8, 2013.

40. DI LASCIO F., NYFFELER F., BSHARY R., et BUGNYAR T., « *Ravens* (Corvus Corax) *Are Indifferent to the Gains of Conspecific Recipients or Human Partners in Experimental Tasks* », *Animal Cognition*, vol. 16, 2013, p. 35-43.

41. RAIHANI N. J., THORNTON A., et BSHARY R., « *Punishment and Cooperation in Nature* », *Trends in ecology & evolution*, vol. 27, mai 2012, p. 288-95.

42. SMITH A., *An Inquiry into the Nature and Causes of the Wealth of Nations*, Londres, W. Strahan and T. Cadell, 1776.

43. BOEHM C., *Moral origins : the evolution of virtue, altruism, and shame*, ouvr. cité.

44. MITHEN P. S., *The Prehistory of the Mind : A Search for the Origins of Art, Religion and Science*, Londres, W&N, 1998.

45. SUGIYAMA L. S., « *Illness, Injury, and Disability among Shiwiar Forager-Horticulturalists : Implications of Health-Risk Buffering for the Evolution of Human Life History* », *American Journal of Physical Anthropology*, vol. 123, avril 2004, p. 371-389.

46. STINER M. C., « *Carnivory, Coevolution, and the Geographic Spread of the Genus Homo* », *Journal of Archaeological Research*, vol. 10, mars 2002, p. 1-63.

47. STINER M. C., BARKAI R., et GOPHER A., « *Cooperative Hunting and Meat Sharing 400–200 Kya at Qesem Cave, Israel* », *Proceedings of the National Academy of Sciences*, vol. 106, août 2009, p. 13207-13212.

48. BOEHM C., *Moral Origins : The Evolution of Virtue, Altruism, and Shame*, ouvr. cité.

8. Existe-t-il des extraterrestres moraux ?

1. STERELNY K., et FRASER B., « *Evolution and Moral Realism* », *The British Journal for the Philosophy of Science*, vol. 68, décembre 2017, p. 981-1006.

2. COBBE F. P., *Darwinism in Morals, and Other Essays*, Londres, Williams and Norgate, 1872.

3. HUME D., *Traité de la nature humaine. Livre III : de la morale*, 1739.

4. BAUMARD N., *Morality Is in Our Brain, in Our Genes, and Even in the Structure of the Universe*, Center for humans & nature, 2014.

9. Des raisonnements… non raisonnables

1. Bourget D., et Chalmers D. J., « *What Do Philosophers Believe ?* », *Philosophical Studies*, vol. 170, 2013, p. 465-500.

2. Williams B., *Moral Luck*, Cambridge University Press, 1981.

3. Kymlicka W., *Contemporary Political Philosophy - an Introduction*, 2012, p. 277.

4. Greene J. D., « *An fMRI Investigation of Emotional Engagement in Moral Judgment* », *Science*, vol. 293, 2001, p. 2101-2105.

5. Baron J., « *Blind Justice : Fairness to Groups and the Do-no-harm Principle* », *Journal of Behavioral Decision Making*, vol. 8, 1995, p. 71-83.

6. Baron J., et Ritov I., « *Intuitions about Penalties and Compensation in the Context of Tort Law* », *Journal of Risk and Uncertainty*, vol. 7, 1993, p. 17-33.

7. Baumard N., *The Origins of Fairness : How Evolution Explains Our Moral Nature*, Oxford University Press, 2015.

8. Sperber D., « *Intuitive and Reflective Beliefs* », *Mind & Language*, vol. 12, 1997, p. 67-83.

9. Descartes R., *Méditations métaphysiques*, 1641.

10. Greene J. D., Cohen J. D., *et al.*, « *Cognitive Load Selectively Interferes with Utilitarian Moral Judgment* », *Cognition*, vol. 107, 2008, p. 1144-1154.

11. Rand D. G., Greene J. D., Nowak M., « *Spontaneous Giving and Calculated Greed* », *Nature*, vol. 489, septembre 2012, p. 427-430.

12. May J., et Kumar V., dans *The Routledge Handbook of Moral Epistemology*, 2019.

13. May J., et Kumar V., « *Moral reasoning and emotion* » dans *The Routledge Handbook of Moral Epistemology*, ouvr. cité.

14. Demaree-Cotton J., et Kahane G., *The Routledge Handbook of Moral Epistemology* 2018, p. 84-104.

15. McHugh C., McGann M., Igou E. R., et Kinsella E. L., « *Searching for Moral Dumbfounding : Identifying Measurable Indicators of Moral Dumbfounding* », *Collabra : Psychology*, vol. 3, 2017, p. 1-24.

16. GOODIN R. E., *Utilitarianism as a Public Philosophy*, Cambridge University Press, 1995.

17. BRINK D. O., « *Utilitarian Morality and the Personal Point of View* », *The Journal of Philosophy*, vol. 83, 1986, p. 417-438.

18. SMART J. J. C., et WILLIAMS B., *Utilitarianism : For and Against*, Cambridge University Press, 1973.

19. KYMLICKA W., *Contemporary Political Philosophy - an Introduction*, ouvr. cité.

10. Morale et biologie, un mélange (dang)heureux ?

1. SHAFTESBURY, *Letters to a young man in the University*, 1709.

2. JEFFERSON T., *The Memoirs, Correspondence, And Miscellanies, From The Papers Of Thomas Jefferson*, 1829.

3. KROPOTKINE P., *L'entr'aide, Un facteur de l'évolution*, Paris, Hachette, 1906.

4. *Ibid.*

5. CLAVIEN C., « Évolution, société, éthique : darwinisme social versus éthique évolutionniste », dans *Les mondes darwiniens*, 2011, p. 1123-1152.

6. HUXLEY T., *Evolution and Ethics*, 1894.

7. WILSON E. O., *Sociobiology : The New Synthesis*, Cambridge, Belknap Press, 1975.

8. BUSS D. M., *Evolutionary Psychology : The New Science of the Mind*, Psychology Press, 2014, p. 455.

9. WILSON E. O., *On Human Nature*, Harvard University Press, 1978.

10. GURVEN M., et KAPLAN H., « *Longevity among Hunter-Gatherers : A Cross-Cultural Examination* », *Population and development review*, vol. 33, mai 2007.

11. GREENE J. D., *Moral Tribes : Emotion, Reason, and the Gap between Us and Them*, New York, Penguin, 2013.

12. BLOOM P., *Against Empathy : The Case for Rational Compassion*, New York, Ecco, 2016.

13. WRIGHT R., *The Moral Animal : Why We Are the Way We Are*, New York, Vintage Books, 1994.

14. *Ibid.*

15. *Ibid.*

16. KYMLICKA W., *Contemporary Political Philosophy - an Introduction*, 2012.

17. 80000hours, *Peter Singer on Being Provocative, How His Moral Views Have Changed, and Saving Children Drowning in Shallow Ponds*, 2019.

À vous de conclure !

1. CLAVIEN C., *Je t'aide, moi non plus*, Paris, Vuibert, 2010.

2. SAHLINS M., *The Use and Abuse of Biology*, The university of Michigan Press, 1976.

3. KROPOTKINE P. *L'entr'aide, Un Facteur de l'évolution*, Paris, Hachette, 1906.

4. GHISELIN M., *The Economy of Nature and the Evolution of Sex*, University of California Press, 1974.

5. WEST S., MOUDEN C. E., et GARDNER A., « *Sixteen common misconceptions about the evolution of cooperation in humans* », *Evolution and Human Behavior*, vol. 32, 2011, p. 231-262.

6. DOBZHANSKY T., « *Nothing in Biology Makes Sense except in the Light of Evolution* », *The American Biology Teacher*, vol. 35, mars 1973, p. 125-129.

REMERCIEMENTS

Merci à vous d'avoir pris quelques moments de votre vie pour parcourir ce livre.

Merci à Jean-Baptiste André, Nicolas Baumard, Mélusine Boon-Falleur, Edgar Dubourg, Facunda Duran, Timothée Duran et Léo Fitouchi pour leur précieuse relecture sur une première version.

Merci à ma mère d'avoir bien voulu jouer le rôle de relectrice naïve, merci pour les questions du type « à quoi ça sert de savoir ça ? » qui agacent autant qu'elles font garder les pieds sur terre, et désolé de n'avoir pas répondu positivement aux tentatives de censure (« un bébé, tube digestif ouvert aux deux extrémités, tu exagères »).

Tiens, on me souffle maintenant dans l'oreille qu'il faudrait trouver un autre mot que « naïve ».

Cet ouvrage a été mis en pages par IGS-CP (16)

Reproduit et achevé d'imprimer
par Normandie Roto Impression s.a.s.
en février 2021.
Numéro d'imprimeur : 2100509

Imprimé en France.

PEFC
10-31-2541
Certifié PEFC
Ce produit est issu de forêts gérées durablement et de sources contrôlées
www.pefc-france.org